GUIDE

DU BOTANISTE

POUR

LES HERBORISATIONS

AUX ENVIRONS DE PARIS.

Par Al. BAUTIER, D. M. P.

PARIS

LABÉ, LIBRAIRE DE LA FACULTÉ DE MÉDECINE,

Place de l'École-de-Médecine.

1857

TYPOGRAPHIE HENNUYER, RUE DU BOULEVARD, 7. BATIGNOLLES.
Boulevard extérieur de Paris.

AVERTISSEMENT.

—

Le travail que nous publions a pour but de diri-
ger les pas de nos jeunes débutants et de leur épar-
gner ainsi de nombreuses déceptions, en les faisant
participer immédiatement à l'expérience acquise par
leurs devanciers.

Voici, en deux mots, la manière dont nous avons
cru devoir procéder.

Nous avons mentionné avec le plus grand soin
toutes les localités offrant quelque intérêt et en avons
formé autant de chapitres spéciaux où toutes les
espèces qui méritent de fixer l'attention sont indi-
quées, en suivant toujours l'ordre alphabétique, afin
de faciliter les recherches. Chaque nom spécifique
est suivi d'un ou deux chiffres correspondant aux mois
de fleuraison : le n° 1 désignant le premier mois de
l'année, ou janvier, et ainsi de suite, jusqu'à 12, qui
représente le mois de décembre. Lorsque les fleurs
se succèdent pendant plusieurs mois, nous donnons
deux chiffres réunis par un tiret, dont le premier
indique le commencement, et le second la fin de la
fleuraison. Ainsi : 5-9, signifie que la plante fleurit
de mai à septembre. Enfin, quand l'époque de la fleuraison correspond à une saison de l'année, nous
nous contentons de donner, au lieu de chiffres,
l'initiale de cette saison, soit : P. pour printemps,
E. pour été, etc.

Ces indications nous ont paru d'autant plus utiles

que, le botaniste sachant à l'avance quelles espèces il doit rencontrer, son attention se trouve naturellement fixée sur elles et multiplie ainsi les chances de réussite ; car, suivant notre vieux dicton, *un homme averti en vaut deux*. D'un autre côté, il suffira de jeter les yeux sur la petite flore partielle de la localité que l'on veut explorer, pour en apprécier toute l'importance, et l'on saura en même temps s'il est plus avantageux de hâter ou de retarder l'excursion projetée, d'après les plantes que l'on désire recueillir.

En joignant à ce Guide la carte que nous avons fait graver et qui est accompagnée d'un index comprenant toutes les localités, nous croyons fournir toutes les notions indispensables pour faire avec quelque fruit les herborisations dans toute l'étendue de la flore parisienne.

Espérons que nos efforts, pour le développement d'une science aussi utile qu'agréable, seront couronnés de quelque succès, et que nous aurons contribué, dans la faible proportion de nos moyens, à stimuler encore l'ardeur déjà si vive de nos lecteurs. Guidés par des indications sûres et précises, ils n'hésiteront plus à étendre leurs excursions vers des localités trop souvent négligées et qui promettent cependant de précieuses récoltes, leur herbier s'enrichira d'espèces nouvelles, et la science y gagnera de son côté, car ce n'est jamais sans avantage que l'on interroge la nature sous ses aspects les plus variés.

GUIDE

DU BOTANISTE.

~~~~~

ADRIEN (St-), près **ROUEN.** — Digitalis *parviflora*, E. Viola *rothomagensis*, E.

ALET. — OEnanthe *crocata*, E.

AMMENUCOURT, près la **ROCHE-GUYON.** — Lithospermum *purpuro-cœruleum*, 5. Teucrium *montanum*, E.

ANDELYS (Roches de St-Jacques et Châteaugaillard). — Biscutella *lœvigata*, E. Brunella *grandiflora*, E. Carduus *marianus*, E. Centaurea *solsticialis*, E. Cerasus *mahaleb*, 4. Cineraria *campestris*, 5-6. Cratægus *amelanchier*, 5. Digitalis *parviflora*, E. Epipactis *rubra*, E. Euphorbia *esula*, E. Fœniculum *vulgare*, E. Fumaria *micrantha*, E. Globularia *vulgaris*, 5. Helianthemum *pulverulentum*, 6-7. Isatis *tinctoria*, 5-6. Melica *ciliata*, 7. Mespilus *germanica*, 5. Ononis *columnœ; natrix*, E. Ophrys *apifera*, P. Orobanche *cœrulea*, 6; *eryngii*, E ; *minor*, E. Peucedanum *carvifolium*, E. Phalangium *ramosum*, E. Phyteuma *orbicularis*, 6-8. Polycnemum *arvense*, E. Prenanthes *pulchra*, 6. Seseli *libanotis*, A. Sesleria *cœrulea*, P. Stipa *pennata*, 6. Teucrium *montanum*, E.

ANET. — Globularia *vulgaris*, 5. Orchis *coriophora*, 5-6 ; *galeata*, 5-6. Phyteuma *spicata*, 5-6. Seseli *libanotis*, A.
~~~~~

ANTILLY. — V. CRÉPY.

ANTONY. — Trifolium *parisiense*, E. Xanthium *strumarium*, 6-7.

ARCUEIL. — Chenopodium *opulifolium*, E. Falcaria *rivini*, E. Iris *fœtidissima*, 7-8. Lathyrus *palustris*, 6-7.

ARGENTEUIL. — Nayas *minor*, E. Sisymbrium *arenosum*, 6.

ARMAINVILLIERS et sa FORÊT. — Campanula *cervicaria*, 8-9. Leonurus *cardiaca*, E. Narcissus *poeticus*, 5. Pyrola *rotundifolia*, 5-6. Scutellaria *minor*, E. Senecio *aquaticus*, 6-7.

ARPAJON, COLLINE DE JUSTICE. — Crepis *tectorum*, E. Sedum *hirsutum*, E. — V. ITTEVILLE.

ASNIÈRES — Polycnemum *arvense*, E.

AULNAI. — OEnothera *biennis*, E. Statice *armeria*, E.

AUTEUIL. — Buplevrum *tenuissimum*, E. Cakile *perfoliata*, 8. Centaurea *solsticialis*, E. Isatis *tinctoria*, 5-6. Melissa *officinalis*, 6-7.

BAGATELLE. — Cerastium *tomentosum*, E. Leonurus *cardiaca*, E.

BAGNOLET. — Tordylium *maximum*, 5-8.

BAILLY. — V. COMPIÈGNE.

BANTHÉLU, près MAGNY. — Actæa *spicata*, 5-6. Gentiana *germanica*, 8-9. Limosella *aquatica*, E.

BARRE (LA), près ST-DENIS. — Nepeta *cataria*, E. Petroselinum *segetum*, E.

BEAUMONT-SUR-OISE. — Geum *rivale*, 6-7.

BEAUVAIS. — Ægopodium *podagraria*, E. Asperula *odorata*, 4-5. Atropa *belladona*, 6-7. Carduus *marianus*, E. Carum *bulbocastanum*, E. Chrysanthemum *segetum*, E. Chrysosplenium *alternifolium*, 4-5; *oppositifolium*, 4-5. Cirsium *eriophorum*, E. Conopodium *denudatum*, 5-7. Daphne *laureola*, 3; *mezereum*, 3. Digitalis *parviflora*, E. Dipsacus *pilosus*, E. Epilobium *spicatum*, E. Gentiana *germanica*,

8-9. Gnaphalium *dioïcum*, P. Helleborus *fœtidus*, 2-4. Helminthia *echioïdes*, E. Lactuca *perennis*, E. Lathyrus *hirsutus*, E. Limodorum *abortivum*, 6. Lychnis *sylvestris*, E. Mayanthemum *bifolium*, 5. Mespilus *germanica*, 5. Myagrum *dentatum*, 6. Ophrys *apifera*, P.; *monorchis*, 6. Orchis *simia*, 5-6; *viridis*, 6-7. Orlaya *grandiflora*, 6-7. Ornithogalum *minimum*, 3-4. Phalangium *ramosum*, E. Physalis *alkekengi*, 5-6. Pimpinella *magna*, E. Pinguicula *vulgaris*, 5-6. Polygala *amara*, 5-6. Potamogeton *pusillum*, E. Pyrola *rotundifolia*, 5-6. Rubia *peregrina*, 6-7. Saponaria *vaccaria*, E. Scilla *bifolia*, P. Seseli *libanotis*, A. Sesleria *cœrulea*, P. Stachys *alpina*, E. Tordylium *maximum*, E. Vaccinium *myrtillus*, 4-5; *vitis-idœa*, E. Valerianella *eriocarpa*, 5. Verbascum *nigrum*, E. — V. ST-GERMER.

BEAUVAIS (GOINCOURT, près). — Chrysosplenium *alternifolium*, 4-5; *oppositifolium*, 4-5. Cornus *mas*, 3-4. Erica *tetralix*, E. Lysimachia *nemorum*, E. Pinguicula *vulgaris*, 5-6. Stachys *alpina*, E. Veronica *acinifolia*, P.

BEAUVAIS (MARISSEL, près). — Tordylium *maximum*, E.

BEAUVAIS (ROCHES DE). — V. MENNECY.

BELLECROIX, près FONTAINEBLEAU. — Trifolium *strictum*, E. Polygonum *pusillum*, E.

BELLEVILLE. — Cochlearia *armoracia*, 6; *draba*, 6-7. Coriandrum *sativum*, E.

BELLEVUE. — Euphorbia *dulcis*, 7. Oxalis *stricta*, 5-9.

BERCY. — Anthemis *mixta*, E. Hyppuris *vulgaris*, 6-7. Hydrocharis *morsus-ranœ*, 6-7. Sisymbrium *supinum*, E. Thesium *linophyllum*, E.

BETZ. — Andropogon *ischœmum*, 5. Carduus *marianus*, E. Fumaria *bulbosa*, 3-4. Stachys *alpina*, E.

BIÈVRES. — Geranium *pyrenaïcum*, E. Gnaphalium *dioïcum*, P. Pinguicula *vulgaris*, 5-6.

BOIS-LOUIS. — V. LE CHATELET.

BONDY. — Adoxa *moschatellina*, 4. Agrostis *interrupta*, 6-7. Alisma *damasonium*, E. Aquilegia *vulgaris*, 5-7. Avena *fragilis*, 6. Carex *ampullacea*, 5-6 ; *curta*, 5 ; *depauperata*, 5-6 ; *elongata*, 4-5 ; *filiformis*, 5 ; *hordeïstichos*, 5 ; *maxima*, 5-6. Centaurea *solsticialis*, E. Cratægus *torminalis*, 5. Crepis *tectorum*, E. Crypsis *alopecuroïdes*, 8-9. Elatine *alsinastrum*, E. Eriophorum *capitatum*, 4-5 ; *vaginatum*, 4-5. Erysimum *præcox*, 4. Euphorbia *palustris*, P. Fragaria *collina*, 5. Helleborus *fœtidus*, 2-4. Helminthia *echioïdes*, E. Helosciadium *repens*, E. Hottonia *palustris*, 5-6. Hydrocotyle *vulgaris*, E. Hypericum *montanum*, 6-7 ; *quadrangulum*, 6-7. Iris *fœtidissima*, 7-8. Juncus *ericetorum*, 5-6. Lathyrus *hirsutus*, E.; *sylvestris*, E.; *tuberosus*, E. Limosella *aquatica*, E. Lychnis *sylvestris*, E. Lythrum *hyssopifolia*, 6-7. Mayanthemum *bifolium*, 5. Monotropa *hypopitys*, 7-8. Myosurus *minimus*, 4-6. Orchis *coriophora*, 5-6. Potentilla *supina*, E. Primula *grandiflora*, 4-5. Pyrola *rotundifolia*, 5-6. Samolus *valerandi*, E. Saponaria *vaccaria*, E. Sparganium *natans*, E. Teucrium *scordium*, E. Thesium *linophyllum*, E. Tulipa *sylvestris*, 3-4.

BONNEUIL. — Hottonia *palustris*, 5-6. Linaria *simplex*, 6. Sanguisorba *officinalis*, 7-8.

BONNEVILLE, près MALHERBES. — Cratægus *amelanchier*, 5. Hyssopus *officinalis*, E.

BONNIÈRES. — Euphorbia *palustris*, P. Orobanche *eryngii*, E. Medicago *villosa*, E.

BONNIÈRES (FRENEUSE, près). — Peucedanum *carvifolium*, E.

BOUGIVAL et Parc. — Anthyllis *vulneraria*, E. Digitalis *parviflora*, E. Lathyrus *sylvestris*, E. Orobanche *eryngii*, E. Polypodium *calcareum*, E.; *dryopteris*, E. Rumex *aquaticus*, 8. Sedum *telephium*, 7.

BOULOGNE et Bois. — Anchusa *italica*, 6-7. Anemone *pul-*

satilla, 4-5. Anthriscus *sylvestris,* E. Asperugo *procumbens,* E. Brassica *cheïranthos,* 7-8. Buplevrum *tenuissimum,* E. Carex *humilis,* 4-5 ; *schreberi,* 4-5. Carum *bulbocastanum,* E. Centaurea *solsticialis,* E. Cerasus *mahaleb,* 4. Chelidonium *glaucium,* 6-8. Cornus *mas,* 3-4. Fragaria *collina,* 5. Genista *sagittalis,* 5. Geranium *sanguineum,* 5-6 ; *pyrenaicum,* E. Isatis *tinctoria,* 5-6. Lamium *hybridum,* P. Leonurus *cardiaca,* E. Lithospermum *purpurocæruleum,* 5. Medicago *orbicularis,* E.; *villosa,* E. (Porte des princes). Myagrum *sativum,* 6. Myosotis *stricta,* 4-6. Nepeta *cataria,* E. OEnothera *biennis,* E. Orchis *hircina,* 6-7 ; *morio,* 4. Peucedanum *oreoselinum,* E. Polypodium *dryopteris,* E. Populus *canescens,* P. Potentilla *splendens,* 5. Scilla *autumnalis,* 8-9. Scutellaria *columnæ,* 6-7. Sedum *boloniense,* E.; *sexangulare,* E. Senecio *adonidifolius,* 7-8. Spergula *pentandra,* E. Spiræa *filipendula,* 6. Thalictrum *lucidum,* 6-8 ; *minus,* 6-8. Thesium *linophyllum,* E. Tillæa *muscosa,* 6-7. Tragus *racemosus,* 7. Trigonella *monspeliaca,* 5-6. Veronica *spicata,* 6-7 ; *teucrium,* 5 ; *verna,* 4.

BOURAY. — Linaria *pelisseriana,* E.

BOURG-LA-REINE. — Falcaria *rivini,* E. Lathyrus *hirsutus,* E.

BOURON, près **FONTAINEBLEAU.** — Alyssum *montanum,* 4-5. Anemone *sylvestris,* 5. Astrocarpus *sesamoïdes,* 6-9. Carduncellus *mitissimus,* E. Inula *squarrosa,* E. Lathyrus *palustris,* 6-7. Micropus *erectus,* E. Ophrys *anthropophora,* 5-6.

BRÈCHE (Bois de la). — Anchusa *sempervirens,* 5-6.

BRETEUIL. — V. **NEMOURS.**

BROSSES (Les), près **ROUGEAUX.** — Lythrum *hyssopifolia,* 6-7. Trifolium *subterraneum,* P.

BRUNOY. — Salvia *verbenaca,* E. Smyrnium *olusatrum,* 5-6. Urtica *pilulifera,* E.

1.

CACHAN. — Barkhausia *setosa*, E. Centaurea *myacantha*, E. Lactuca *perennis*, E. Lamium *hybridum*, P. Ranunculus *hederaceus*, 5-8.

CALVAIRE. — V. **MONT-VALÉRIEN.**

CANNEVILLE, près **CHANTILLY**. — Actæa *spicata*, 5-6. Teucrium *montanum*, 6-8.

CHAILLOT. — Urtica *pilulifera*, E. Buxus *sempervirens*, 3-4. Orchis *galeata*, 5-6.

CHAILLY, près **FONTAINEBLEAU**. — Carex *depauperata*, 5-6. Digitalis *parviflora*, E. Lychnis *viscaria*, 6-7. Orchis *ustulata*, 5-6. Scabiosa *suaveolens*, E. Scirpus *supinus*, 6.

CHAMP-DE-MARS. — Thlaspi *ruderale*, 5.

CHAMPAGNE, près **FONTAINEBLEAU**. — Althæa *hirsuta*, E. Cucubalus *baccifer*, E. Epipactis *latifolia*, 6-7. Erysimum *hieracifolium*, 6-7. Euphorbia *platyphyllos*, E. Gentiana *cruciata*, 6-7. Gratiola *officinalis*, E. Inula *squarrosa*, E. Iris *fœtidissima*, 7-8. Lamium *hybridum*, P. Laserpitium *asperum*, E. Linaria *purpurea*, E.; *simplex*, 6. Lychnis *viscaria*, 6-7. Lythospermum *purpuro-cœruleum*, 5. Myagrum *sativum*, 6. Orchis *hircina*, 6-7. Orobanche *cœrulea*, 6; *ramosa*, 6. Phyteuma *spicata*, 5-6. Polystichum *aculeatum*, 6-9. Ranunculus *parviflorus*, 4-8. Rosa *tomentosa*, 6-7. Rubia *lucida*, 6-7; *peregrina*, 6-7. Sisymbrium *murale*, E. Tordylium *maximum*, E.

CHAMPIGNY. — Helianthemum *pulverulentum*, 6-7. Orchis *simia*, 5-6. Polycnemum *arvense*, E. Sison *amomum*, E. Smyrnium *olusatrum*, 5-6. Valerianella *coronata*, E.; *eriocarpa*, 5.

CHAMPS-ÉLYSÉES. — Xanthium *spinosum*, E.

CHANTILLY. — Actæa *spicata*, 5-6. Arenaria *triflora*, E. Atropa *belladona*, 6-7. Brunella *grandiflora*, E. Cardamine *amara*, 4-5. Corydalis *bulbosa*, 3-4. Cratægus *torminalis*, 5. Epipactis *rubra*, E. Euphorbia *gerardiana*, 5-6. Gentiana *cruciata*, 6-7 (Forêt). Geranium *sanguineum*, 5-6 (Forêt). Hippuris *vulgaris*, 6-7. Iris *fœtidissima*, 7-8. Limodorum *abortivum*, 6. Myrica *gale*, 4. Ophioglossum *vulgatum*, 6-7 (Etang de Comelle). Ophrys *aranifera*, 4-5. Orchis *pyramidalis*, 5-6. Pilularia *globulifera*, 6-7 (Etang de Comelle.) Salvia *sclarea*, E. Stellera *passerina*, 9-10. Teucrium *montanum*, E. Valerianella *eriocarpa*, 6-7. — V. **CANNEVILLE** et **GOUVIEUX**.

CHARENTON. — Adonis *autumnalis*, 7-8. Allium *scorodoprasum*, 6-7. Ammi *glaucifolium*, E.; *majus*, E. Anchusa *italica*, 6-7. Anthyllis *vulneraria*, E. Bidens *cernua*, E. Cochlearia *draba*, 6-7. Cucubalus *baccifer*, E. Gypsophila *muralis*, *saxifraga*, E. Lepidium *latifolium*, 8. Limosella *aquatica*, E. Rubia *tinctorum*, 6-7. Rumex *palustris*, E. Sedum *sexangulare*, E. Turgenia *latifolia*, 6-7. Urtica *pilulifera*, 7-10.

CHARENTON (Iles de). — Adonis *autumnalis*, 7-8. Epilobium *roseum*, E. Lepidium *latifolium*, 8. Rumex *palustris*, E. Sinapis *nigra*, E. Sisymbrium *supinum*, E.

CHARLY. — Adonis *autumnalis*, 7-8. Atropa *belladona*, 6-7. Ornithogalum *minimum*, 3-4. Rosa *gallica*, E. Salvia *sclarea*, E. Scirpus *ovatus*, E. Tulipa *sylvestris*, 3-4.

CHARONNE. — Euphorbia *lathyris*, P. Smyrnium *olusatrum*, 5-6.

CHATEAUFORT. — Carduus *marianus*, E. Crepis *tectorum*, E. Hissopus *officinalis*, E. Lampsana *minima*, 5-6.

CHATEAU-LANDON, près **NEMOURS**. — Calamagrostis *lanceolata* (Marais de Sceaux). Erysimum *hieracifolium*, 6-7. Helleborus *fœtidus*, 2-4. Schœnus *mariscus*, E.

CHATEAU-THIERRY. — Fumaria *micrantha*, E.

CHATELET (Le), près **MELUN**. — Althæa *hirsuta*, E. Bidens *cernua*, E. Carex *teretiuscula*, 5. Centaurea *solsticialis*, E. Cerastium *brachypetalum*, E. Cineraria *campestris*,

5-6. Drosera *rotundifolia*, 6-7. Epipactis *lancifolia*, 4-5. Eriophorum *gracile*, 4-5. Gentiana *cruciata*, 6-7. Globularia *vulgaris*, 5. Gratiola *officinalis*, E. Helleborus *fœtidus*, 2-4 ; *viridis*, 3-4. Helminthia *echioïdes*, E. Hottonia *palustris*, 5-6. Lathyrus *hirsutus*, E. Lepidium *petræum*, 3-4. Limodorum *abortivum*, 6. Narcissus *poeticus*, 5. Neottia *spiralis*, 9. Orchis *coriophora*, 5-6 ; *mascula*, P.; *ustulata*, 5-6 ; *viridis*, 6. Paris *quadrifolia*, 5-6. Phalangium *ramosum*, E. Phyteuma *spicata*, 5-6. Potamogeton *monogynum*, 6-7. Rosa *tomentosa*, E. Sparganium *natans*, E. Trifolium *medium*, 5-6.

CHATELET (BOIS LOUIS, près Le).—Fumaria *micrantha*,E. Ranunculus *nemorosus*, 5-6. Rosa *tomentosa*, E.

CHATELET (SAVETEUX, près Le). — Scleranthus *perennis*, E.

CHATILLON. — OEnothera *biennis*, E. Prismatocarpus *hybridus*, E. Thesium *linophyllum*, E. Trifolium *rubens*, 6-7.

CHATOU. — Linaria *pelisseriana*, E. Myagrum *dentatum*, 6. Peucedanum *orcoselinum*, E. Veronica *verna*, 4.

CHAUMONT. — Anthriscus *sylvestris*, E. Asperula *odorata*, 4-5. Atropa *belladona*, 6-7. Bunias *cochlearioïdes*, 5-6. Carduus *marianus*, E.

CHAUMONT (Ruines du chateau de**)**.—Orobanche *cœrulea*, 6. Rubia *tinctorum*, 6-7. Seseli *libanotis*, A. Carex *ampullacea*, 5-6 ; *digitata*, 5 ; *mairii*, 5-6 ; *teretiuscula*, 5. Carum *bulbocastanum*, E. Cerastium *brachypetalum*, E. Cirsium *eriophorum*, E. Corydalis *bulbosa*, 3-4. Digitalis *parviflora*, E. Epipactis *ensifolia*, 6 ; *lancifolia*, 4-5. Fumaria *micrantha*, E. Galanthus *nivalis*, 2. Globularia *vulgaris*, 5. Iris *fœtidissima*, 7-8. Limodorum *abortivum*, 6. Lychnis *sylvestris*, E. Menyanthes *trifoliata*, 4-5. Ophrys *aranifera*, 4-5. Orchis *galeata*, 5-6 ; *pyramidalis*, 5-6 ; *ustulata*, 5-6. Paris *quadrifolia*, 5-6. Phalaris *utriculata*, 6. Pyrola *rotundifolia*, 5-6. Ranunculus *aquatilis*, 4-8 ; *lin-*

gua, 6-8. Schœnus *albus*, E.; *nigricans*, E. Seseli *libanotis*,
A. Stachys *alpina*, E. — V. **LIANCOURT**.

CHAVILLE. — Ononis *natrix*, E. Solidago *graveolens*, E.

CHERIZY. — V. **DREUX**.

CHEVREUSE, près le CHATEAU. — Aspidium *fragile*, 9-10.
Avena *fragilis*, 6. Cardamine *amara*, 4-5. Carduus *maria-*
nus, E. Fœniculum *vulgare*, E. Galeobdolon *luteum*, 5.
Genista *anglica*, E. Parnassia *palustris*, A. Pinguicula *vul-*
garis, 5-6. Salvia *sclarea*, E. Stellaria *aquatica*, 6-7. Trifolium *parisiense*, E.

CHOISY-LE-ROI. — Chepopodium *opulifolium*, E. Cuscuta
major, E.

CLAGNY. — Euphorbia *segetalis*, 7. Lobelia *urens*, E.
Micropus *erectus*, E.

CLAIREFONTAINE, près **ST-LÉGER**. — Erica *tetralix*, E.
Spergula *nodosa*, E.

CLAMART-SOUS-MEUDON.—Chrysanthemum *segetum*, E.
Hippuris *vulgaris*, 6-7. Ranunculus *chœrophyllos*, 5-6.
Sedum *cepœa*, E.

CLERMONT. — Hepatica *triloba*, 3-4. Ophrys *apifera*, P.
Orchis *galeata*, 5-6. Orobanche *cœrulea*, 6.

CLERMONT (LIANCOURT, sous). — Anthriscus *sylvestris*,
E. Geranium *pyrenaïcum*, E.

CLOUD (ST-).— Allium *moly*, E. Ammi *majus*, E. Campanula
rapunculoïdes, 6-8. Celerach *officinarum*, 9-10. Cytisus
supinus, 6-7. Echinops *sphœrocephalus*, E. Epipactis *lan-*
cifolia, 4-5. Galega *officinalis*, E. Hippuris *vulgaris*, 6-7.
Melissa *officinalis*, 6-7. Ononis *columnœ*, E. Ophrys *myodes*,
4-5. Orchis *hircina*, 6-7; *militaris*, 4-5. Oxalis *stricta*, 5-9.
Polycarpon *tetraphyllum*, E. Pyrethrum *corymbosum*, E.
Thalictrum *minus*, 6-8. Tragopogon *majus*, 5-6. Tulipa
sylvestris, 3-4. Veronica *acinifolia*, P.

COCHERELLE. — V. **DREUX**.

COLOMBE (Ste-), près PROVINS. — Petroselinum *segetum*, E.

COLOMBES. — Sisymbrium *vimineum*, E.

COMPIÈGNE.—Actæa *spicata*, 5-6. Ægopodium *podagraria*, E. Agrostis *interrupta*, 6-7. Alisma *ranuncoloïdes*, E. Allium *ursinum*, P. Andropogon *ischæmum*, 5. Anemone *sylvestris*, 5. Anthriscus *sylvestris*, E. Asperula *arvensis*, 5-6; *odorata*, 4-5. Blechnum *spicant*, E. Botrychium *lunaria*, 6. Bromus *giganteus*, 7. Brunella *grandiflora*, E. Cardamine *amara*, 4-5; *impatiens*, 5. Carex *ampullacea*, 5-6; *depauperata*, 5-6; *digitata*, 5; *ericetorum*, 4-5; *fulva*, 6-7; *humilis*, 4-5; *mairii*, 5-6; *maxima*, 5-6; *schreberi*, 4-5. Carum *bulbocastanum*, E. Celtis *australis*, 4. Cirsium *eriophorum*, E. Cornus *mas*, 3-4. Corydalis *bulbosa*, 3-4. Cynoglossum *montanum*, 5-6. Daphne *laureola*, 3. Dentaria *bulbifera*, 5. Dianthus *deltoïdes*, E. Digitalis *parviflora*, E. Dipsacus *pilosus*, E. Drosera *rotundifolia*, 6-7. Elymus *europæus*, 6. Epilobium *spicatum*, E. Epipactis *ensifolia*, 6; *lancifolia*, 4-5; *rubra*, E. Euphrasia *lutea*, E. Gentiana *cruciata*, 6-7; *germanica*, 9. Geranium *sanguineum*, 5-6. Geum *rivale*, 6-7. Globularia *vulgaris*, 5. Gnaphalium *dioïcum*, P. Helianthemum *apenninum*, E. Helleborus *viridis*, 3-4. Hippuris *vulgaris*, 6-7. Inula *helenium*, E. Iris *fœtidissima*, 7-8. Juncus *squarrosus*, 6. Lampsana *minima*, 5-6. Laserpitium *asperum*, E. Lathyrus *hirsutus*, E. Limodorum *abortivum*, 6. Limosella *aquatica*, E. Linaria *arvensis*, E. Lithospermum *purpuro-cœruleum*, 5. Lychnis *sylvestris*, E.; *viscaria*. 6-7. Lysimachia *nemorum*, E. Lythrum *hissopifolia*, 6-7. Mayanthemum *bifolium*, 5. Melica *montana*, 5-6. Monotropa *hypopitys*, 7-8. Nardus *stricta*, 5-6. Neottia *spiralis*, 9. Ononis *columnæ*, E. Ophioglossum *vulgatum*, 6-7. Ophrys *apifera*, P.; *monorchis*, 6. Orchis *coriophora*, 5-6; *galeata*, 5-6; *mascula*, P.; *pyramidalis*, 5-6; *simia*, 5-6; *viridis*, 6. Orlaya *grandiflora*, 6-7. Ornithogalum *minimum*, 3-4; *pyrenaïcum*, 6. Paris *quadrifolia*,

5-6. Phalangium *liliago*, 5 ; *racemosum*, E. Physalis *alke-kengi*, 5-6. Pimpinella *magna*, E. Pinguicula *vulgaris*, 5-6. Plantago *minima*, E. Polygala *austriaca*, 6. Polygonum *bistorta*, E. Polystichum *thelypteris*, 6-9. Pyrola *minor*, 5-6; *rotundifolia*, 5-6. Rumex *scutatus*, 5-7. Scabiosa *sylvatica*, 5-6. Schœnus *nigricans*, E.; *mariscus*, E. Scleranthus *perennis*, E. Scrophularia *vernalis*, 4-5. Senecio *aquaticus*, 6-7. Seseli *libanotis*, A. (Au grand Marigny). Sonchus *palustris*, E. Stellera *passerina*, 9-10. Teucrium *montanum*, E. Turgenia *latifolia*, 6-7. Vaccinium *myrtillus*, 4-5 ; *vitis-idœa*, E. Valerianella *coronata*, E. Veronica *montana*, E.; *prœcox*, 4 ; *verna*, 4. Villarsia *nymphoïdes*, 6.

COMPIÈGNE (BAILLY, près). — Lathyrus *nissolia*, 6-7.

COMPIÈGNE (MOYVILLERS, près). — Lathyrus *hirsutus*, E. Linaria *arvensis*, E.

COMPIÈGNE (REMY, près). — Euphrasia *lutea*, E. Lythrum *hyssopifolia*, 6-7.

COMPIÈGNE (St-PIERRE, près). — Chrysosplenium *oppositifolium*, 4-5. Spergula *pentandra*, E.

COMPIÈGNE (St-SAUVEUR, près). — Cuscuta *major*, E.

CONFLANS. — Sisymbrium *murale*, E.

COQUENARD (Etang de). — Galium *litigiosum*, E. Schœnus *mariscus*, E.

CORBEIL. — Anchusa *italica*, 6-7. Aspidium *fragile*, 9. Atropa *belladona*, 6-7. Ceterach *officinarum*, 9. Chrysanthemum *segetum*, E. Cirsium *eriophorum*, E. Geranium *lucidum*, 5-6. Lamium *hybridum*, P. Physalis *alkekengi*, 5-6. Potamogeton *pusillum*, E. Ranunculus *lingua*, 6-8. Scolopendrium *officinale*, E.

CRECY. — Bromus *giganteus*, 7. Linaria *simplex*, 6.

CRÉPY. — Aconitum *napellus*, E. Bidens *cernua*, E. Carex *ericetorum*, 4-5. Centaurea *solstitialis*, E. Cicuta *virosa*, 6. (Etang de Pondron). Corydalis *bulbosa*, 3-4. Epilobium *palustre*, E. Epipactis *lancifolia*, 4-5. Euphrasia *lutea*, E. Gnaphalium *dioïcum*, P. Inula *helenium*, E. Malaxis *lœselii*, 5-6. Orchis *coriophora*, 5-6. Sison *amomum*, E. Utricularia *minor*, E.

CRÉPY (ANTILLY, près). — Gentiana *germanica*, 8-9.

CRÉPY (FEIGNEUX, près). — Spergula *nodosa*, E. Utricularia *minor*, E.

CRÉPY (ROUVRES, près). — Andropogon *ischœmum*, 5.

CRÉPY (VAUMAISE, près). — Teucrium *montanum*, E.

CRÉPY (SOUDRON, près). — Cicuta *virosa*, 6.

CUCUPHA (St·). — Blechnum *spicant*, E. Carex *curta*, 5 ; *digitata*, 5. Cirsium *eriophorum*, E. Dipsacus *pilosus*, E. Epilobium *spicatum*, E. Fumaria *micrantha*, E. Lolium *multiflorum*, 7. Orchis *odoratissima*, E. Physalis *alkekengi*, 5-6. Samolus *valerandi*, E. Villarsia *nymphoïdes*, 6.

CYR (St-). — Chenopodium *opulifolium*, E. Rumex *maritimus*, E. Veronica *filiformis*, 4.

DAMMARTIN. — Asarum *europœum*, 4-5.

DAMPIERRE. — V. CHEVREUSE.

DENIS (St-). — Coriandrum *sativum*, E. Geranium *pyrenaïcum*, E. Helminthia *echioïdes*, E. Lathyrus *hirsutus*, E.; *nissolia*, 6-7 (près le Fort de l'Est). Nepeta *cataria*, E. Petroselinum *segetum*, E. Sinapis *nigra*, E. Sisymbrium *murale*, E. — V. **LA BARRE.**

DONNEMARIE. — Dipsacus *pilosus*, E. Gentiana *germanica*, 9. Lychnis *viscaria*, 6-7. Scirpus *caricis*, 5-6.

DOURDAN. — Fumaria *micrantha*, E. Geranium *lucidum*, 5-6. Linaria *pelisseriana*, E. Myosotis *stricta*, 4-6. Ranunculus *chœrophyllos*, 5-6. Spergula *pentandra*, E.

DREUX. — Ægopodium *podagraria*, E. Alisma *natans*, E. Anemone *pulsatilla*, 4-6. Asperula *arvensis*, 5-6. Atropa *belladona*, 6-7. Brassica *eruca*, P. Bromus *giganteus*, 7.

Brunella *grandiflora*, E. Bunias *paniculata*, E. Cardamine *amara*, 4-5. Carduus *marianus*, E. Carex *depauperata*, 5-6; *ericetorum*, 4-5; *humilis*, 4-5; *montana*, P. (Bois de Yon). Centaurea *solstitialis*, E. Ceterach *officinarum*, 9. Conopodium *denudatum*, 5-7. Coronilla *minima*, 5-7; *varia*, 6. Cyperus *flavescens*, E.; *longus*, 8-9. Digitalis *parviflora*, E. Dipsacus *pilosus*, E. Epilobium *spicatum*, E. Epipactis *ensifolia*, 6; *lancifolia*, 4-5. Euphorbia *dulcis*, 7; *esula*, E. Galeopsis *ochroleuca*, E. Gentiana *germanica*, 9. Gnaphalium *dioïcum*, P. Geranium *lucidum*, 5-6; *sanguineum*, 5-6. Helianthemum *pulverulentum*, 6-7. Helminthia *echioïdes*, E. Helosciadium *repens*, E. Hypochæris *maculata*, 6-7. Isatis *tinctoria*, 5-6. Iris *fœtidissima*, 7-8. Limodorum *abortivum*, 6. Limosella *aquatica*, E. Lychnis *sylvestris*, E. Mayanthemum *bifolium*, 5. Melilotus *leucantha*, E. Menyanthes *trifoliata*, 4-5. Mespilus *germanica*, 5. Ononis *columnœ*, E. Ophrys *apifera*, P. Orchis *coriophora*, 5-6; *galeata*, 5-6; *mascula*, P.; *simia*, 5-6; *viridis*, 6-7. Peucedanum *cervaria*, E. Phyteuma *orbicularis*, 6-8. Potentilla *splendens*, 5. Prenanthes *pulchra*, 6. Ranunculus *chœrophyllos*, 5-6. Rosa *eglantiera*, 6-7. Rubia *peregrina*, 6-7; *tinctorum*, 6-7. Rumex *aquaticus*, 8. Salvia *sclarea*, E.; *verbenaca*, E. Saponaria *vaccaria*, E. Scilla *bifolia*, P. Scirpus *caricis*, 5-6. Scutellaria *columnœ*, 6-7. Senecio *aquaticus*, 6-7. Sesleria *cœrulea*, P. Silene *gallica*, E. Spergula *nodosa*, E. Stachys *alpina*, E. Teucrium *montanum*, E. Tillæa *muscosa*, 6-7. Tordylium *maximum*, E. Tragopogon *majus*, 5-6. Trifolium *ochroleucum*, 6-7. Turgenia *latifolia*, 5-6. Tussilago *petasites*, 3-4. Vaccinium *myrtillus*, 4-5. Verbascum *nigrum*, E. Veronica *acinifolia*, P.; *prostrata*, P.; *verna*, 4.

DREUX (CHERIZY, près). — Helleborus *viridis*, 3-4.

DREUX (COCHERELLE, près). — Polygala *amara*, 5-6. Tussilago *petasites*, 3-4.

2

ENGHIEN. — Vicia *purpurascens*, E. Carex *fulva*, 6-7; *mairii*, 5-6. (Etang).

ÉPERNON. — Alyssum *spinosum*, 4-5.

ERMENONVILLE. — Actæa *spicata*, 5-6. Sinapsis *nigra*, E. Bromus *giganteus*, 7. Carex *arenaria*, E. Chrysosplenium *alternifolium*, 4-5. Geranium *sanguineum*, 5-6. Micropus *erectus*, E. Orchis *coriophora*, 5-6; *viridis*, 6-7. Osmunda *regalis*, 6. Pinguicula *vulgaris*, 5-6. Ranunculus *gramineus*, 5-6. Scleranthus *perennis*, E. Vaccinium *myrtillus*, 4-5.

ESSONE. — Euphorbia *platyphyllos*, E. Tordylium *maximum*, E.

ÉTAMPES. — Adonis *anomala*, E. Arenaria *setacea*, E. Asperula *arvensis*, 5-6. Asplenium *septentrionale*, E. Blitum *virgatum*, E. Brunella *grandiflora*, E. Bunias *paniculata*, E. Carduncellus *mitissimus*, E. Carex *schreberi*, 4-5. Coronilla *varia*, 6. Euphorbia *falcata*, E. Globularia *vulgaris*, 5. Helianthemum *pulverulentum*, 6-7. Lampsana *minima*, 5-6. Leonurus *cardiaca*, E.; *marrubiastrum*, 6-7. Linaria *pelisseriana*, E. Linum *tenuifolium*, 6-7. Micropus *erectus*, E. Nigella *arvensis*, E. Ononis *columnæ*, E. Orobanche *cærulea*, 6. Silene *otites*, E. Stellera *passerina*, 9-10. Teucrium *montanum*, E. Tragopogon *majus*, 5-6. Tragus *racemosus*, 7. Trigonella *monspeliaca*, 5-6. Valerianella *coronata*, E.; *eriocarpa*, 5. Veronica *præcox*, 4. — V. ÉTRÉCHY.

ÉTRÉCHY, près ÉTAMPES. — Adonis *anomala*, E. Arenaria *setacea*, E. Bunias *paniculata*, E. Carduncellus *mitissimus*, E. Helianthemum *fumana*, 5-6; *pulverulentum*, 6-7. Lactuca *perennis*, E. Leonurus *cardiaca*, E. Marrubium *vaillantii*, E. Nigella *arvensis*, E. Ononis *columnæ*, E. Ophrys *anthropophora*, 5-6; *apifera*, P. Potamogeton *pusillum*, E. Scleranthus *perennis*, E. Spergula *pentandra*, E. Tragopogon *majus*, 5-6.

ÉTRÉPAGNY, près GISORS. — Adonis *anomala*, E. Fumaria *micrantha*, E.

EVREUX. — Stachys *alpina*, E. Veronica *prostrata*, P.

FARGEAU (PARC DE ST-). — Orobanche *cærulea*, 6.

FEIGNEUX. — V. CRÉPY.

FERTÉ-ALEPS (LA). — Arenaria *segetalis*, 5-6. Asplenium *lanceolatum*, E. Brunella *grandiflora*, E. Carduncellus *mitissimus*, E. Coronilla *minima*, 5-7; *varia*, 6. Globularia *vulgaris*, 5. Helianthemum *fumana*, 5-6. Hypochæris *maculata*, 6-7. Lampsana *minima*, 5-6. Limodorum *abortivum*, 6. Linum *tenuifolium*, 6-7. Lychnis *viscaria*, 6-7. Orchis *simia*, 5-6. Peucedanum *cervaria*, E. Ranunculus *nodiflorus*, 5-6. Scilla *autumnalis*, 8-9. Scleranthus *perennis*, E. Sedum *hirsutum*, E. Silene *otites*, E. Teucrium *montanum*, E. Trifolium *medium*, 5-6; *ochroleucum*, 6-7; *rubens*, 6-7.

FERTÉ-MILON (LA). — Carum *bulbocastanum*, E. Stellera *passerina*, 9-10. — V. MAREUIL-SUR-OURQ.

FERTÉ-SOUS-JOUARRE (LA). — Andropogon *ischæmum*, 5. Androsæmum *officinale*, 6-7. Bromus *giganteus*, 7. Exacum *filiforme*, E. Gnaphalium *dioïcum*, P. Inula *helenium*, E. Lactuca *perennis*, E. Lythospermum *purpuro-cæruleum*, 5. Neottia *spiralis*, 9. Pyrola *rotundifolia*, 5-6. Xanthium *strumarium*, 6-7.

FERTÉ (VANTEUIL, près LA). — Lithospermum *purpuro-cæruleum*, 5.

FLEURINES, près SENLIS. — Conium *maculatum*, 6-7. Epilobium *palustre*, E.

FONTAINEBLEAU. — Ægilops *ovata*, 6-7; *triuncialis*, 6-7. Airopsis *agrostidea*, E. Alisma *natans*, E. Allium *flavum*, 6; *scorodoprasum*, 6-7. Alyssum *montanum*, 4-5. Andropogon *ischæmum*, 5. Androsæmum *officinale*, 6-7. Anemone *pulsatilla*, 4-6; *sylvestris*, 5. Arenaria *setacea*, E.; *triflora*, E. Asperula *tinctoria*, 5-6. Aspidium *fragile*, 9-10 (Parc). Asplenium *germanicum*, E.; *septentrionale*, E (Samorcau). Astrocarpus *sesamoïdes*, 6-9 (Bouron). — Atropa *belladona*, 6-7. Bidens *cernua*, E. Botrychium *lunaria*, 6. Brassica *cheïranthos*, 7-8. Bulliarda *vaillantii*, E. Buplevrum *rotundifolium*, 7. Cardamine *impatiens*, 5. Carex *davalliana*, 5-6; *digitata*, 5; *elongata*, 4-5; *ericetorum*, 4-5; *humilis*, 4-5; *nitida*, 5-6; *montana*, P.; *teretiuscula*, 5; *tomentosa*, 4-5. Centunculus *minimus*, E. Cerastium *tomentosum*, E. Chrysocoma *linosyris*, E. Coronilla *minima*, 5-7; *varia*, 6. Corrigiola *littoralis*, E. Corydalis *lutea*, 4. Cratægus *amelanchier*, 5; *aria*, 5; *latifolia*, 5; *torminalis*, 5. Datura *stramonium*, E. Dianthus *deltoïdes*, E. Digitalis *parviflora*, E. Elatine *alsinastrum*, E.; *hexandra*, E.; *hydropiper*, E. Epipactis *ensifolia*, 6; *rubra*, E. Epilobium *spicatum*, E. Erica *scoparia*, 5. Eriophorum *vaginatum*, 4-5. Euphorbia *esula*, E.; *gerardiana*, 5-6. Exacum *filiforme*, E.; *pusillum*, 7-9. Galium *divaricatum*, 5-6. Genista *anglica*, E.; *pilosa*, 5; *sagittalis*, 5. Gentiana *cruciata*, 6-7; *pneumonanthe*, 6-7. Geranium *sanguineum*, 5-6. Globularia *vulgaris*, 5. Gnaphalium *dioïcum*, P. Gypsophila *muralis*, E.; *saxifraga*, E. Helianthemum *apenninum*, E.; *œlandicum*, 5-7; *fumana*, 6-8; *guttatum*, E.; *pilosum*, 6; *pulverulentum*, 6-7; *serratum*, E.; *umbellatum*, 5-6. Helosciadium *inundatum*, 6-7. Hottonia *palustris*, 5-6. Hypericum *elodes*, 6-7. Hypochæris *maculata*, 5-6. Inula *helenium*, E.; *hirta*, E.; *squarrosa*, E. Juncus *pygmœus*, E.; *squarrosus*, 6; *supinus*, E. Lactuca *perennis*, E. Laserpitium *asperum*, E. Lathræa *squammaria*, 5. Lemna *trisulca*, E.; *arhiza*, E. Lepidium *petrœum*, 3-4; *procumbens*, 3-4. Limodorum *abortivum*, 6. Limosella *aquatica*, E. Linaria *pelisseriana*, E. Linum *tenuifolium*, 6-7. Littorella *lacustris*, 6. Lobelia *urens*, E. Lychnis *viscaria*, 6-7. Mayanthemum *bifolium*, 5. Mespilus *germanica*, 5. Micropus *erectus*, E. Monotropa *hypopitys*, 7-8. Ononis *columnœ*, E.; *natrix*, E. Ophioglossum *vulgatum*, 6-7. Ophrys *anthropophora*, 5-6; *apifera*, P.; *aranifera*, 4-5. Orchis *conopsea*, 6-7; *coriophora*, 5-6; *galeata*, 5-6; *odoratissima*, E.; *pyramidalis*, 5-6; *ustulata*, 5-6. Ornithogalum *luteum*, 3-4; *minimum*, 3-4. Orobanche *elatior*, E.; *epithymum*, E.; *major*, 6; *minor*, E.; Orobus *niger*, 5 ; *vernus*, 4 (Bouron). Paronychia *verticillata*, E. Peucedanum *cervaria*, E.; *oreoselinum*, E. Phalangium *liliago*, 5 ; *ramosum*, E. Phyteuma *orbicularis*, 6-8. Pilularia *globulifera*, 6-7. Pimpinella *dioïca*, 5-6. Potamogeton *fluitans*, E. Potentilla *splendens*, 5. Polygala *austriaca*, 6. Quercus *cerris*, 4-5. Ranunculus *chærophyllos*, 5-6 ; *gramineus*, 5-6 ; *nodiflorus*, 5-6; *tripartitus*, 5-7. Rosa *tomentosa*, E.; *villosa*, E. Scabiosa *suaveolens*, E. Scilla *autumnalis*, 8-9. Scirpus *fluitans*, 6 ; *multicaulis*, E. Scleranthus *perennis*, E. Scolopendrium *officinale*, E. Scorzonera *graminifolia*, 5. Scrophularia *canina*, E. Sedum *villosum*, 7. Senecio *adonidifolius*, 7-8. Seseli *annuum*, E.; *elatum*, A. Sesleria *cærulea*, P. Silene *otites*, E. Sparganium *natans*, E. Spergula *pentandra*, E. Spiræa *filipendula*, 6. Stipa *capillata*, 5-6; *pennata*, 5-6. Teucrium *montanum*, E. Thalictrum *minus*, 6-8. Thesium *linophyllum*, E. Thlaspi *ruderale*, 5. Tillæa *muscosa*, 6-7. Tordylium *maximum*, E. Tragus *racemosus*, 7. Trifolium *ciliosum*, 7 ; *medium*, 5-6; *ochroleucum*, 6-7 ; *montanum*, 7 ; *rubens*, 6-7 ; *strictum*, E.; *subterraneum*, P. Triuia *vulgaris*, 5-6. Ulex *nanus*, 9-10. Vaccinium *myrtillus*, 4-5. Veronica *prostrata*, P.; *spicata*, 6-7 ; *teucrium*, 5 ; *verna*, 4. Vicia *lathyroïdes*, 4-5 ; *lutea*, 5-6. Villarsia *nymphoïdes*, 6. — **V. BELLECROIX, BOURON, CHAILLY**, côto de **CHAMPAGNE, MORET, FRANCHART.**

FONTENAY-AUX-ROSES. — Cochlearia *armoracia*, 6. OEnothera *biennis*, E. Panicum *glaucum*, 7-8. Xanthium *strumarium*, 6-7.

FRANCHART, près **FONTAINEBLEAU.** — Airopsis *agrostidea*, E. (Mares). Asplenium *lanceolatum*, E. Epipactis *rubra*, E. Ranunculus *tripartitus*, 5-7. Trifolium *strictum*, E.

FRENEUSE, près **BONNIERES.** — Peucedanum *carvifolium*, E.

2.

GARE (LA). — Blitum *virgatum*, E. Lathyrus *tuberosus*, E. Rumex *aquaticus*, 8 ; *maritimus*, E.; *palustris*, E.

GENTILLY. — Arenaria *triflora*, E. Cyperus *longus*, 8 9. Gratiola *officinalis*, E. Inula *salicina*, E. Lathyrus *palustris*,6-7. Lycium *europœum*,E. Prismatocarpus*hybridus*,5-7.

GERMAIN (ST-). — Actæa *spicata*, 5-6. Aquilegia *vulgaris*, 5-7. Asperugo *procumbens*, E. Bidens *cernua*, E. Briza *minor*, 6. Bromus *giganteus*, 7. Brunella *grandiflora*, E. Carex *depauperata*, 5-6 ; *mairii*, 5-6; *maxima*, 5-6 ; *tomentosa*, 4-5; *schreberi*, 4-5. Carum *bulbocastanum*, E. Centaurea *solstitialis*, E. Cornus *mas*, 3-4. Coronilla *minima*, 5-6 ; *varia*, 6. Crepis *tectorum*, E. Daphne *laureola*, 3. Dipsacus *pilosus*, E. (Etang). Elatine *aisinastrum*, E. Epipactis *lancifolia*, 4-5. Euphorbia *dulcis*, 7 ; *gerardiana*, 5-6 ; *lathyris*, P.; *purpurata*, P. Fragaria *collina*, 5. Fumaria *capreolata*, E.; *micrantha*, E. Gentiana *cruciata*, 6 ; *germanica*, 8-9. Globularia *vulgaris*, 5. Helleborus *fœtidus*, 2-4. Hesperis *matronalis*, 5-6. Hypericum *montanum*, 6-7. Impatiens *noli-tangere*, E. Iris *fœtidissima*, 7-8. Lamium *hybridum*, P. Lathyrus *palustris*, 6-7. Linum *tenuifolium*, 6-7. Lithospermum *purpuro-cœruleum*, 5. Malaxis *lœselii*, 5-6. Menyanthes *trifoliata*, 4-5. Mespilus *germanica*, 5. Micropus *erectus*, E. Monotropa *hypopitys*, 7-8. Nepeta *cataria*, E. OEnothera *biennis*, E. Ononis *altissima*, E. Ophioglossum *vulgatum*, 6-7. Ophrys *apifera*, P.; *aranifera*, 4-5. Orchis *fusca*, 4-5 ; *galeata*, 5-6 ; *mascula*, P.; *simia*, 5-6 ; *ustulata*, 5-6. Ornithogalum *pyrenaïcum*, 6. Ornus *europœa*, 5. Pedicularis *palustris*, E. Petroselinum *segetum*, E. Phalangium *ramosum*, E. Polygala *amara*, 5-6 ; *austriaca*, 6. Prenanthes *pulchra*, 6. Radiola *millegrana*, 6-7. Rubia *tinctorum*, 6-7. Scirpus *fluitans*, 6. Sinapsis *nigra*, E. Spiræa *hypericifolia*, 4-5. Stellera *passerina*, 9-10. Teucrium *montanum*, E.; *scordium*, E. Thalictrum *minus*, 6-8. Tordylium *maximum*, E. Urtica *pilulifera*, E. Veronica *montana*, E. Xanthium *strumarium*, 6-7.

GERMAIN (LE VAL, près St-).—Carum *bulbocastanum*, E.

GERMER (St-), près BEAUVAIS. — Actæa *spicata*, 5-6. Ægopodium *podagraria*, E. Anthryscus *sylvestris*, E. Comarum *palustre*, 5-6. Cineraria *palustris*, E. Drosera *rotundifolia*, 6-7. Epilobium *roseum*, E.; *spicatum*, E. Menyanthes *trifoliata*, 4-5. Pimpinella *magna*, E. Pyrola *rotundifolia*, 5-6. Ranunculus *lingua*, 6-8. Spergula *nodosa*, E.

GERVAIS (St-). — Melissa *officinalis*, 6-7.

GISORS. — Atropa *belladona*, 6-7. Cirsium *eriophorum*, E. Cyperus *flavescens*, E. Lychnis *sylvestris*, E. Paris *quadrifolia*, 5-6. Pinguicula *vulgaris*, 5-6. Polygala *austriaca*, 6. Ranunculus *aquatilis*, 4-8. Rumex *aquaticus*, 8. Stachys *alpina*, E. — V. **ÉTRÉPAGNY.**

GOINCOURT. — V. **BEAUVAIS.**

GOURNAY. — Actæa *spicata*, 5-6. Stachys *alpina*, E.

GOUVIEUX. — Ruta *graveolens*, 7-8 ; *montana*, 7-8. Salvia *sclarea*, E. Seseli *annuum*, E.

GRANGE (Bois de la). — Asarum *europæum*, 4-5. Seseli *annuum*, E.

GRATIEN (St-). — Alisma *ranunculoïdes*, E. Carex *hordeïstichos*, 5. Gentiana *pneumonanthe*, 6-7. Hydrocotyle *vulgaris*, E. Inula *salicina*, E. Lathyrus *palustris*, 6-7. Littorella *lacustris*, 6. Lolium *multiflorum*, 7. Malaxis *læselii*, 5-6. Neottia *æstivalis*, E. OEnanthe *lachenalii*, E. Orchis *odoratissima*, E. Pinguicula *vulgaris*, 5-6. Potamogeton *heterophyllum*, E. Ranunculus *lingua*, 6-8. Rumex *maritimus*, E.; *palustris*, E. Schœnus *mariscus*, E. ; *nigricans*, E. Scirpus *caricis*, 5-6 ; *maritimus*, 6-7. Sonchus *palustris*, E. Spergula *nodosa*, E. Teucrium *scordium*, E. Trifolium *parisiense*, E. Triglochin *palustre*, 6-7.

GRENELLE. — Asperugo *procumbens*, E. Centaurea *solstitialis*, E. Crypsis *alopecuroïdes*, 8-9. Limosella *aquatica*, E.

Lithospermum *purpuro cœruleum*, 5. Ornithogalum *minimum*, 3-4. Poa *pilosa*, 6. Prismatocarpus *hybridus*, E. Saponaria *vaccaria*, E. Sisymbrium *supinum*, E. Veronica *prœcox*, 4.

GRIGNON. — Schœnus *mariscus*, E.

GROSBOIS. — Astragalus *glycyphyllos*, 6. Gratiola *officinalis*, E. Inula *helenium*, E.

HALAINCOURT, près **MAGNY.** — Celerach *officinarum*, 9-10. Euphorbia *lathyris*, P. Limodorum *abortivum*, 6. Ophioglossum *vulgatum*, 6-7. Polystichum *aculeatum*, E.

HALATTE (Forêt de), près **PONT-St-MAXENCE.** — Atropa *belladona*, 6-7. Carex *depauperata*, 5-6. Cornus *mas*, 3-4. Epipactis *lancifolia*, 4-5. Mayanthemum *bifolium*, 5. Scilla *bifolia*, P. Vaccinium *myrtillus*, 4-5.

HOUDAN. — Carex *maxima*, 5-6. Daphne *mezereum*, 3. Equisetum *hiemale*, 2-3. Ophioglossum *vulgatum*, 6-7. Spergula *pentandra*, E. Exacum *filiforme*, E.; *pusillum*, 7-9.

HUBERT (St-). — Alisma *damasonium*, E. Corrigiola *littoralis*, E. Elatine *hexandra*, E. Gypsophila *muralis*, E. Juncus *pygmeus*, E. Lathyrus *hirsutus*, E. Littorella *lacustris*, 6. Lobelia *urens*, E. Myosurus *minimus*, 4-6. Orchis *viridis*, 6-7. Pilularia *globulifera*, E. Potamogeton *heterophyllum*, E. Scirpus *supinus*, 6. Silene *gallica*, E.

ILE ADAM. — Ammi *majus*, E. Seseli *libanotis*, A. Sisymbrium *murale*, E.

ILES DE LA MARNE. — Epilobium *roseum*, E. Gypsophila *muralis*, E. Leersia *oryzoïdes*, 7-8. Lepidium *latifolium*, 8. Peucedanum *carvifolium*, E.

ILES DE LA SEINE. — Lepidium *latifolium*, 8.

ISSY. — Agrostis *interrupta*, 6-7. Anchusa *italica*, 6-7 ; *sempervirens*, 5-6. Centaurea *solstitialis*, E. Fumaria *micrantha*, E. Geranium *pyrenaïcum*, E. Hypecoum *procumbens*, 6. Samolus *valerandi*, E.

ITTEVILLE, près ARPAJON. — Asplenium *lanceolatum*, E. (Colline de Justice). Ceterach *officinarum*, 9-10. Fumaria *micrantha*, E. Lychnis *viscaria*, 6-7. Peucedanum *sylvestre*, 6. Sedum *hirsutum*, E.

IVELINES (FORÊT D'). — Pilularia *globulifera*, E. Scirpus *fluitans*, 6.

IVRY. — Allium *angulosum*, E. Vicia *purpurascens*, E.

JOUY. — Allium *scorodoprasum*, 6-7; *ursinum*, P. Carex *ampullacea*, 5-6. Centunculus *minimus*, E. Epilobium *roseum*, E. Exacum *filiforme*, E. Gnaphalium *dioïcum*, P. Lobelia *urens*, E. Lysimachia *nemorum*, E. Orchis *coriophora*, 5-6; *mascula*, P.; *viridis*, 6-7. Phyteuma *spicata*, 5-6. Solidago *graveolens*, E.

JUINE (rivière). — OEnanthe *crocata*, E.

JUVISY. — Laserpitium *asperum*, E. Petroselinum *segetum*, E. Tordylium *maximum*, E. Trifolium *parisiense*, E. Xanthium *spinosum*, E.

LAGNY. — Barkhausia *setosa*, E. Euphorbia *platyphyllos*, E. Exacum *filiforme*, E.

LAGNY (RENTILLY, près). — Teucrium *scordium*, E.

LARCHANT. — Potamogeton *fluitans*, E. Spergula *nodosa*, E. Tragus *racemosus*, 7.

LARDY. — Alsine *segetalis*, 5-6. Andropogon *ischæmum*, 5. Anemone *pulsatilla*, 4-6. Bunias *paniculata*, E. Buplevrum *aristatum*, E. Carduncellus *mitissimus*, E. Carex *paradoxa*, 5. Cerastium *brachypetalum*, E. Ceterach *officinarum*, 9-10 (château du Mesnil). Fumaria *micrantha*, E. Genista *pilosa*, 5. Geranium *lucidum*, 5-6. Helianthemum *fumana*, 5-6. Hippuris *vulgaris*, 6-7. Limodorum *abortivum*, 6. Linaria *pelisseriana*, E. Lychnis *viscaria*, 6-7. Myosotis *stricta*, 4-6. Ononis *columnæ*, E. Ophrys *anthropophora*, 5-6 ; *apifera*, P. Peucedanum *cervaria*, E. Rubia *peregrina*, 6-7; *tinctorum*, 6-7. Scilla *autumnalis*, 8-9. Seseli *annuum*, E. Spergula *pentandra*, E. Stellera *passerina*, 9-10. Trifolium *rubens*, 6-7. Valerianella *eriocarpa*, 5.

LÉGER (Sᴛ-). — Agrostis *canina*, 6. Aira *discolor*, 7-9; Alisma *damasonium*, E.; *natans*, E.; *ranunculoïdes*, E. Allium *ursinum*, P. Alnus *incana*, 3-4. Alsine *segetalis*, 5-6. Anagalis *tenella*, E. Betula *pubescens*, P. Blechnum *spicant*, E. Builliarda *vaillantii*, E. Campanula *cervicaria*, 8-9 ; *hederacea*, E. Cardamine *amara*, 4-5 ; *hirsuta*, 4-5; *impatiens*, 5. Carex *ampullacea*, 5-6; *biligularis*, 4-5 ; *curta*, 5; *dioïca*, 5-6 ; *elongata*, 4-5 ; *extensa*, 5-6 ; *filiformis*, 5 ; *fulva*, 6-7 ; *divulsa*, 5-6 ; *maxima*, 5-6; *remota*, 4-5 ; *teretiuscula*, 5. Carum *verticillatum*, E. Centunculus *minimus*, E. Chrysanthemum *segetum*, E. Comarum *palustre*, 5-6. Corrigiola *littoralis*, E. Cratægus *aria*, 5 ; *latifolia*, 5; *torminalis*, 5. Cyperus *flavescens*, E. Drosera *anglica*, 6-7 ; *longifolia*, 6-7 ; *rotundifolia*, 6-7. Elatine *alsinastrum*, E. ; *hexandra*, E. ; *hydropiper*, E. Epilobium *palustre*, E.; *roseum*, E. Erica *ciliaris*, 7-8 ; *scoparia*, 5 ; *tetralix*, E. ; *vagans*, 7-8. Eriophorum *capitatum*, 4-5 ; *vaginatum*, 4-5; *vaillantii*, 4-5. Exacum *candollii*, 7-9 ; *filiforme*, E. ; *pusillum*, 7-9. Genista *pilosa*, 5-6 ; *sagittalis*, 5. Gentiana *pneumonanthe*, 6-7. Gnaphalium *dioïcum*, P. Helianthemum *guttatum*, E. Helosciadium *inundatum*, 6-7. Hieracium *auricula*, E. Hottonia *palustris*, 5-6. Hypericum *elodes*, 6-7. Hypochæris *maculata*, 6-7. Isnardia *palustris*, E. (Etang neuf). Juncus *pygmeus*, E.; *squarrosus*, 6 ; *supinus*, E. Lampsana *minima*, 5-6. Leonurus *cardiaca*, E. Linaria *arvensis*, E. Littorella *lacustris*, 6. Lobelia *urens*, E. Luzula *nivæa*, 6. Lycopodium *complanatum*, 7-9 ; *inundatum*, 7-9. Lythrum *hissopifolia*, 6-7. Malaxis *læselii*, 5-6 ; *paludosa*, 6 (Etang du Serisaie). Mayanthemum *bifolium*, 5. Mespilus *germanica*, 5. Myosurus *minimus*, 4-6. Myrica *gale*, 4. Nardus *stricta*, 5-6. Neottia *æstivalis*, E.; *spiralis*, 9. Orobanche *comosa*, 6 ; *ramosa*, 6. Osmunda *regalis*, 6. Paronychia *verticillata*, E. Pedicularis *palustris*, E. Pilularia *globulifera*, 6-7. Pinguicula *vulgaris*, 5-6. Polycnemum *arvense*, E. Polygonum *pusillum*, E. Polystichum *callipteris*, E. ; *lonchitis*, E.; *oreopteris*, E.; *thelypteris*, E. Pota-

mogeton *fluitans*, E. ; *heterophyllum*, E. Pyrus *amygdali-
formis*, 4 ; *bollwylleriana*, 4. Radiola *millegrana*, 6-7.
Ranunculus *hederaceus*, 5-8 ; *lingua*, 6-8 ; *tripartitus*, 5-7.
Rosa *tomentosa*, E. ; *villosa*, E. Salix *arenaria*, 5 ; *depressa*,
5 ; *incubacea*, 5. Schœnus *albus*, E. ; *fuscus*, E. Scirpus
bœothrion, E. ; *cœspitosus*, 5 ; *fluitans*, 6 ; *multicaulis*, E. ;
ovatus, E. Scutellaria *minor*, E. Sedum *cepœa*, E. Senecio
aquaticus, 6-7. Silene *gallica*, E. Solidago *graveolens*, E.
Sorbus *aucuparia*, 5 ; *domestica*, 5. Sparganium *natans*,
E. Spergula *nodosa*, E. ; *subulata*, 5-6. Stellaria *aquatica*,
6-7. Tilia *microphylla*, E. Tillæa *muscosa*, 6-7. Trifolium
medium, 5-6. Ulex *nanus*, 9-10. Utricularia *minor*, E. ; *vulgaris*, E. Vaccinium *oxycoccos*, E. Viola *palustris*, 4. —
V. CLAIREFONTAINE.

LEU (St-) (St-MICHEL, près). — Actæa *spicata*, 5-6.

LIANCOURT, près CHAUMONT. — Carduus *marianus*, E.
Inula *helenium*, E. Limodorum *abortivum*, 6. Myagrum *dentatum*, 6. Ophrys *monorchis*, 6. Schænus *mariscus*, E. Tussilago *petasites*, 3-4.

LIANCOURT-SOUS-CLERMONT. — Anthriscus *sylvestris*,
E. Geranium *pyrenaïcum*, E.

LIVRY. — Campanula *cervicaria*, 7-8. Lathyrus *nissolia*,
6-7. Stellera *passerina*, 9-10. Tulipa *sylvestris*, 3-4.

LOGES (Les), près VERSAILLES. — Adonis *autumnalis*,
7-8. Buplevrum *tenuissimum*, E. Ranunculus *chærophyllos*,
5-6. Silene *gallica*, E.

LOING (Rives du). — Sanguisorba *officinalis*, 7-8.

LONGCHAMPS. — Berberis *vulgaris*, A. Lepidium *latifolium*, 8. Salix *hippothœfolia*, 4-5.

LONGJUMEAU. — Carex *depauperata*, 5-6. Orobanche
ramosa, 6. Oxalis *corniculata*, 5-9. Salvia *sylvestris*, E.
Xanthium *strumarium*, 6-7.

LOUVRE (Place du). — Amaranthus *prostratus*, E.

LUCIENNES (Parc de). — Carex *arenaria*, E.

LUSARCHES. — Andropogon *ischœmum*, 5. Asperula *odorata*, 4-5. Carex *depauperata*, 5-6 ; *digitata*, 5 ; *mairii*, 5-6. Euphorbia *palustris*, P. Fumaria *micrantha*, E. Galanthus *nivalis*, 2. Gratiola *officinalis*, E. Helosciadium *repens*, E. Hippuris *vulgaris*, 6-7. Inula *helenium*, E. Lithospermum *purpuro-cœruleum*, 5. Lychnis *sylvestris*, E. Melica *montana*, 5-6. Ophrys *apifera*, P. Orchis *anthropophora*, 5-6 ; *coriophora*, 5-6 ; *galeata*, 5-6 ; *pyramidalis* 5-6. Physalis *alkekengi*, 5-6. Pinguicula *vulgaris*, 5-6. Polygala *amara*, 5-6. Schœnus *nigricans*, E. Scirpus *bœothrion*, E.; *caricis*, 5-6. Seseli *annuum*, E. Sonchus *palustris*, E. Tussilago *petasites*, 3-4. Veronica *prœcox*, 4.

LYS (Forêt du). — Carex *ericetorum*, 4-5. Orchis *simia*, 5-6.

MAGNY. — Adonis *autumnalis*, 7-8. Anchusa *italica*, 6-7 ; *sempervirens*, 5-6. Anthriscus *sylvestris*, E. Aquilegia *vulgaris*, 5-7. Asarum *europæum*, 4-5. Asperula *arvensis*, 5-6 ; *odorata*, 4-5. Atropa *belladona*, 6-7. Blechnum *spicant*, E. Botrychium *lunaria*, 6. Carum *bulbocastanum*, E. Centaurea *solstitialis*, E. Cerasus *mahaleb*, 4. Cornus *mas*, 3-4. Cuscuta *epilinum*, E. Daphne *laureola*, 3; *mezereum*, 3. Digitalis *parviflora*, E. Dipsacus *pilosus*, E. Drosera *rotundifolia*, 6-7. Epilobium *spicatum*, E. Epipactis *ensifolia*, 6; *lancifolia*, 4-5. Erodium *moschatum*, E. Euphorbia *lathyris*, P. Fumaria *micrantha*, E. Galanthus *nivalis*, 2. Galeobdolon *luteum*, 5. Genista *anglica*, E.; *sagittalis*, 5. Gentiana *cruciata*, 6-7. Globularia *vulgaris*, 5. Helminthia *echioïdes*, E. Hesperis *matronalis*, 5-6. Inula *helenium*, E. Iris *fœtidissima*, 7-8. Lathyrus *hirsutus*, E. Linum *tenuifolium*, 6-7. Mespilus *germanica*, 5. Monotropa *hypopitys*, 7-8. Orchis *coriophora*, 5-6 ; *galeata*, 5-6; *simia*, 5-6 ; *viridis*, 6-7. Osmunda *regalis*, 6. Paris *quadrifolia*, 5-6. Parnassia *palustris*, A. Physalis *alkekengi*, 5-6. Phyteuma *orbicularis*, 6-8. Polygala *austriaca*, 6. Ranunculus *hede-*

raceus, 5-8. Rosa *gallica*, E. Rubus *idœus*, 6. Scirpus *caricis*, 5-6. Scolopendrium *officinale*, E. Stellaria *aquatica*, 6-7. Teucrium *montanum*, E. — V. **BANTHÉLU , HALAINCOURT, SÉRANS.**

MAISONS-LAFFITTE. — Sium *latifolium*, E.

MALESHERBES. — Adonis *autumnalis*, 5-8. Ægopodium *podograria*, E. Alsine *segetalis*, 5-6. Althæa *hirsuta*, E. Anagallis *tenella*, E. Anchusa *italica*, 6-7. Andropogon *ischœmum*, 5. Anemone *pulsatilla*, 4-6. Anthriscus *sylvestris*, E. Arenaria *setacea*, E. Asarum *europœum*, 4-5. Asperugo *procumbens*, E. Asperula *arvensis*, 6-7. Asplenium *lanceolatum*, E. Atropa *belladona*, 6-7. Barkhausia *setosa*, E. Botrychium *lunaria*, 6. Brassica *perfoliata*, E. Bromus *giganteus*, 7. Brunella *grandiflora*, E. Bulliarda *Vaillantii*, E. Buplevrum *aristatum*, E.; *rotundifolium*, E. Calamagrostis *arenaria.* E. Campanula *rapunculoïdes*, 6-8. Carduncellus *mitissimus*, E. Carduus *marianus*, E. Carex *ampullacea*, 5-6; *dioïca*, 5-6; *divisa*, 5-6; *ericetorum*, 4-5; *filiformis*, 5; *humilis*, 4-5; *paradoxa*, 5; *schreberi*, 4-5; *teretiuscula,* 5. Celtis *australis*, 4. Cerastium *tomentosum*, E. Ceterach *officinarum*, 9-10. Cirsium *eriophorum*, E. Cornus *mas*, 3-4. Coronilla *minima*, 5-7; *varia*, 6. Corydalis *bulbosa*, 3-4. Cratægus *amelanchier*, 5 (Bonneville); *aria*, 5. Cucubalus *baccifer*, E. Cyperus *flavescens*, E. Cytisus *supinus* , 6-7. Daphne *laureola*, 3. Doronicum *pardalianches*, E. Drosera *longifolia*, 6-7. Epilobium *palustre*, E. Epipactis *ensifolia*, 6. Euphorbia *platyphyllos*, E. Exacum *filiforme*, E. Fragaria *collina*, 5. Galium *harcynicum*, E. Genista *pilosa*, 5 ; *sagittalis*, 5. Gentiana *cruciata*, 6-7; *germanica*, 8-9 ; *pneumonanthe*, 5-6. Geranium *lucidum*, 5-6; *sanguineum*, 5-6. Globularia *vulgaris*, 5. Helianthemum *fumana*, 5-6; *guttatum*, E. Helleborus *hiemalis*, 2-4; *viridis*, 3-4. Helosciadum *repens*, E. Hesperis *matronalis*, 5-6. Hippuris *vulgaris*, 6-7. Inula *hirta*, E. Lactuca *perennis*, E. Lampsana *minima*, 5-6. Lavandula *vera*, 6-9. Lepidium *petrœum*, 3-4. Limodorum *abortivum*, 6. Linaria *pelisseriana*, E. Linum *tenuifolium*, 6-7. Lithospermum *purpuro-cœruleum*, 5. Lolium *multiflorum*, 7. Malaxis *lœselii*, 5-6. Medicago *orbicularis*, E. Menyanthes *trifoliata*, 4-5. Monotropa *hypopitys*, 7-8. Neottia *œstivalis*, E. Neslia *paniculata*, E. Nigella *arvensis*, E. OEnanthe *lachenalii*, E. Ononis *columnœ*, E.; *natrix*, E. Ophrys *anthrophora*, 5-6; *aranifera*, 4-5. Ophioglossum *vulgatum*, 6-7. Orchis *galeata*, 5-6; *odoratissima*, E.; *simia*, 5-6; *ustulata*, 5-6. Ornithogalum *minimum*, 3-4; *pyrenaïcum*, 6. Orobanche *comosa*, 6; *eryngii*, E.; *minor*, E.; *ramosa*, 6. Osmunda *regalis*, 6. Pedicularis *palustris*, E. Phalangium *ramosum*, E. Phyteuma *orbicularis*, 6-8. Pinguicula *vulgaris*, 5-6. Polycnemum *arvense*, E. Polygala *amara*, 5-6; *austriaca*, 6. Polygonum *bellardi*, E. Polystichum *thelypteris*, E. Potamogeton *plantagineum*, E.; *pusillum*, E. Potentilla *splendens*, 5. Prismatocarpus *hybridus*, E. Ranunculus *chœrophyllos*, 5-6; *aquatilis*, 4-8; *gramineus*, 5-6. Rosa *eglantiera*, 6-7; *pimpinellifolia*, 5-6; *tomentosa*, E. Rubia *peregrina*, 6-7. Salix *arenaria*, 5; *depressa*, 5. Salvia *sclarea*, E. Samolus *valerandi*, E. Satureia *montana*, E. Scabiosa *gmelini*, E. Schænus *mariscus*, E.; *nigricans*, E. Scilla *autumnalis*, 8-9; *bifolia*, P. Scirpus *bœothrion*, E.; *caricis*, 5-6; *multicaulis*, E. Scleranthus *perennis*, E. Sparganium *natans*, E. Spergula *nodosa*, E. Spiræa *hypericifolia*, 4-5. Stellera *passerina*, 9-10. Stipa *pennata*, 5-6. Thalictrum *lucidum*, 6-8; *minus*, 6-8. Tragopogon *majus*, 5-6. Tragus *racemosus*, 7. Trifolium *montanum*, 7. Trigonella *monspeliaca*, 5-6. Trinia *vulgaris*, 5-6. Turgenia *latifolia*, 6-7. Utricularia *minor*, E.; *vulgaris*, E. Valerianella *eriocarpa*, 5. Verbascum *nigrum*, E. Veronica *prostrata*, P. — V. **BONNEVILLE, RONCEVEAUX.**

MANDÉ (St-).—Lepidium *iberis*, 7-9. Orobanche *eryngii*, E. Reseda *phyteuma*, E. Rubia *tinctorum*, 6-7. Statice *armeria*, E.

MANTES. — Aquilegia *vulgaris*, 5-7. Arenaria *montana*, 5-6. Astragalus *monspessulanus*, 7 (Coteau des Célestins). Brunella *grandiflora*. E. Bunias *paniculata*, E. Cerasus *mahaleb*. 4. Chrysocoma *lynosiris*, E. Coronilla *minima*, 5-7; *varia*, 6. Cytisus *laburnum*, 5. Daphne *mezereum*, 3. Epipactis *lancifolia*, 4-5. Fœniculum *vulgare*, E. Fumaria *micrantha*, E. Genista *prostrata*, 5. Globularia *vulgaris*, 5. Helianthemum *pulverulentum*, 6-7. Helleborus *fœtidus*, 2-4. Hyssopus *officinalis*, E. Lathyrus *hirsutus*, E. Lepidium *petrœum*, 3-4. Limodorum *abortivum*, 6. Linum *tenuifolium*, 6-7. Melica *ciliata*, 7. Ononis *columnæ*, E. Ophrys *apifera*, P.; *aranifera*, 4-5. Orchis *galeata*, 5-6; *pyramidalis*, 5-6; *simia*, 5-6; *ustulata*, 5-6. Orobanche *cœrulea*, 6. Peucedanum *carvifolium*, E. Phalangium *liliago*, 5; *ramosum*, E. Phyteuma *orbicularis*, 6-8. Polygala *amara*, 5-6. Prenanthes *pulchra*, 6. Rumex *scutatus*, 5-7. Salvia *sclarea*, E. Saponaria *vaccaria*, E. Sesleria *cœrulea*, P. Sisymbrium *murale*, E. Teucrium *montanum*, E. Trifolium *ochroleucum*, 6-7. Valerianella *coronata*, E.; *eriocarpa*, 5.

MARCOUSSIS. — Adonis *œstivalis*, E.; *autumnalis*, 7-8. Aspidium *fragile*, 9-10. Brunella *hyssopifolia*, E. Cardamine *impatiens*, 5. Carex *digitata*, 5; *fulva*, 6-7; *remota*, 4-5. Ceterach *officinarum*, 9-10. Chrysanthemum *segetum*, E. Chrysocoma *linosyris*, E. Cyperus *flavescens*, E. Dianthus *deltoïdes*, E. Epilobium *roseum*, E.; *rosmarinifolium*, 6-7. Exacum *filiforme*, E. Galeopsis *ochroleuca*, E. Gypsophila *muralis*, E. Inula *helenium*, E. Lampsana *minima*, 5-6. Lathyrus *angulatus*, 5-6; *hirsutus*, E. OEnanthe *approximata*, 6. Orobus *niger*, 5. Oxalis *stricta*, 5-9. Polygonum *pusillum*, E. Pyrola *minor*, 5-6. Rumex *palustris*, E. Scirpus *ovatus*, E. Senecio *adonidifolia*, 7-8. Tordylium *maximum*, E.

MAREUIL-SUR-OURQ, prés la FERTÉ-MILON. — Globularia *vulgaris*, 5. Neottia *œstivalis*, E. Schænus *nigricans*, E. Teucrium *montanum*, E.

MARISSEL. — V. BEAUVAIS.

MARLY et son étang. — Adonis *autumnalis*, 7-8. Ægopodium *podagraria*, E. Allium *ursinum*, P.; *scorodoprasum*, E Alyssum *montanum*, 4-5. Asarum *europœum*, 4-5. Asperula *arvensis*, 5-6. Atropa *belladona*, 6-7. Avena *fragilis*, 6. Bidens *cernua*, E. Blechnum *spicant*, E. Buplevrum *rotundifolium*, 7. Buxus *sempervirens*, 3-4. Carex *mairii*, 5-6. Carum *bulbocastanum*, E. Ceterach *officinarum*, 9-10. Chenopodium *opulifolium*, E. Epilobium *roseum*, E. Euphorbia *lathyris*, P. Helminthia *echioïdes*, E. Iris *fœditissima*, 7-8. Lysimachia *nemorum*, E. Mespilus *germanica*, 5. Myagrum *sativum*, 6. Ononis *columnœ*, E. Ophrys *arachnites*, 4-5 ; *aranifera*, 4-5. Orobanche *eryngii*, E. Oxalis *acetosella*, P. Paris *quadrifolia*, 5-6. Petroselinum *segetum*, E. Peucedanum *carvifolium*, E. Polycnemum *arvense*, E. Polygala *austriaca*, 6. Polystichum *aculeatum*, E. Scutellaria *minor*, E. Sison *amomum*, E. Stellaria *aquatica*, 6-7. Tragopogon *majus*, 5-6. Trigonella *monspeliaca*, 5-6. Valerianella *coronata*, E. Veronica *prœcox*, 4 ; *verna*, 4. Xanthium *strumarium*, 6-7.

MARNE (Embouchure de la). — Senecio *paludosus*, E. Trapa *natans*, E.

MAROLLES. — Andropogon *ischœmum*, 5.

MAUR (St-). — Allium *scorodoprasum*, E. Alyssum *montanum*, 4-5. Ammi *glaucifolium*, E. Anemone *pulsatilla*, 4-6. Anthyllis *vulneraria*, E. Arenaria *setacea*, E.; *triflora*, E. Asarum *europœum*, 4-5. Bunias *paniculata*, E. Buplevrum *rotundifolium*, 7. Carex *schreberi*, 4-5 ; *tomentosa*, 4-5. Corydalis *bulbosa*, 3-4 ; *fabacea*, 3-4 ; *tuberosa*, 3-4. Cucubalus *baccifer*, E. Euphorbia *gerardiana*, 5-6. Genista *sagittalis*, 5. Inula *hirta*, E. Iris *fœtidissima*, 7-8. Isatis *tinctoria*, 5-6. Lepidium *latifolium*, 8. Lithospermum *purpuro-cœruleum*, 5. Myosotis *stricta*, 4-6. Nigella *arvensis*, 6. Ononis *columnœ*, E.; *natrix*, E. Orchis *hircina*, 6-7. Orobanche *eryngii*, E. Petroselinum *segetum*, E. Peucedanum *carvifolium*, E. Prismatocarpus *hybridus*, E. Reseda *phyteuma*, E. Silene *otites*, E. Sisymbrium *supinum*, E. Tilia *microphylla*, E. Tragopogon *majus*, 5-6. Trigonella *monspeliaca*, 5-6. Verbascum *phlomoïdes*, E. Veronica *præcox*, 4 ; *teucrium*, 5 ; *verna*, 4. Vicia *lathyroïdes*, 4-5 ; *lutea*, 5-6. Xanthium *strumarium*, 6-7.

MAURICE (St-). — Althæa *hirsuta*, E. Ammi *majus*, E. Anchusa *italica*, 6-7. Helianthemum *pulverulentum*, 6-7. Petroselinum *segetum*, E.

MEAUX (MONTHYON, près). — Androsace *maxima*, P. Carex *cyperoïdes*, 5-6. Fumaria *capreolata*, E.; *micrantha*, E. Helleborus *viridis*, 3-4. Tulipa *sylvestris*, 3-4.

MELUN. — Alisma *ranunculoïdes*, E. Buplevrum *tenuissimum*, E. Celtis *australis*, 4. Digitalis *parviflora*, E. Euphorbia *palustris*, P.; *platyphyllos*, E.; *segetalis*, 7. Gratiola *officinalis*, E. Inula *helenium*, E. Linaria *arvensis*, E. Lythrum *hyssopifolia*, 6-7. Myosurus *minimus*, 4-6. Neottia *spiralis*, 9. Ornus *europœa*, 5. Panicum *glaucum*, 7-8. Ranunculus *lingua*, 6-8. Scutellaria *minor*, E. Senecio *aquaticus*, 6-7 (Bois-Louis). Sorbus *aucuparia*, 5 ; *domestica*, 5. Stellera *passerina*, 9-10. Trifolium *ciliosum*, E. Tulipa *sylvestris*, 3-4. Veronica *acinifolia*, P. — V. Lr. **CHATELET.**

MELUN (PRASLIN, près). — Medicago *scutellata*, E. Narcissus *incomparabilis*, 4-5.

MENNECY. — Agrostis *interrupta*, 6-7. Alisma *damasonium*, E.; *ranunculoïdes*, E. Anchusa *italica*, 6-7. Asperula *arvensis*, 5-6. Botrychium *lunaria*, 6. Bulliarda *Vaillantii*, E. Carduncellus *mitissimus*, E. Carex *ampullacea*, 5-6; *ericetorum*, 4-5 ; *filiformis*, 5 ; *paradoxa*, 5. Ceterach *officinarum*, 9-10. Cirsium *eriophorum*, E. Coronilla *minima*, 5-7. Cuscuta *epilinum*, E. Cyperus *longus*, 8-9. Daphne *laureola*, 3. Drosera *rotundifolia*, 6-7. Elatine *alsinastrum*, E. Euphorbia *dulcis*, 7 ; *palustris*, P.; *platyphyllos*, E.; *purpurata*, P. Fumaria *micrantha*, E. Genista *sagittalis*, 5.

Gentiana *pneumonanthe*, 6-7. Globularia *vulgaris*, 5. Helianthemum *fumana*, 5-6; *pulverulentum*, 6-7. Helminthia *echioïdes*, E. Helosciadium *repens*, E. Hippuris *vulgaris*, 6-7. Hottonia *palustris*, 5-6. Linum *alpinum*, E. Lythrum *hyssopifolia*, 6-7. Malaxis *læselii*, 5-6. Micropus *erectus*, E. Monotropa *hypopitys*, 7-8. Myosurus *minimus*, 4-5. Neottia *spiralis*, 9. Ophioglossum *vulgatum*, 6-7. Orchis *simia*, 5-6; *pyramidalis*, 5-6. Oxalis *stricta*, 5-9. Paronychia *verticillata*, E. Peucedanum *sylvestre*, 6. Pilularia *globulifera*, 6-7. Polystichum *thelypteris*, E. Potamogeton *plantagineum*, E.; *pusillum*, E. Ranunculus *chærophyllos*, 5-6; *lingua*, 6-8. Rubia *lucida*, 6-7. Salvia *sclarea*, E. Schænus *mariscus*, E.; *nigricans*, E. Scirpus *caricis*, 5-6. Scleranthus *perennis*, E. Sedum *telephium*, 8; *villosum*, 7. Sison *amomum*, E. Sonchus *palustris*, E. Statice *armeria*, E. Tillæa *muscosa*, 6-7. Tordylium *maximum*, E. Trifolium *glomeratum*, 6; *subterraneum*, P. Triglochin *palustre*, 6-7. Turgenia *latifolia*, 6-7. Veronica *acinifolia*, P.

MENNECY (ROCHES DE **BEAUVAIS**, près).— Bulliarda *Vaillantii*, . Coronilla *varia*, 6. Helianthemum *fumana*, 5-6; *pulverulentum*, 6-7. Paronychia *verticillata*, E. Scleranthus *perennis*, E. Sedum *sexangulare*, E.; *villosum*, 7. Tillæa *muscosa*, 6-7. Veronica *prostrata*, P.

MERU (BOIS DE). — Epipactis *lancifolia*, 4-5. Neottia *æstivalis*, E. Ophrys *monorchis*, 6. Paris *quadrifolia*, 5-6. Scilla *bifolia*, P.

MEUDON. — Adoxa *moschatellina*, 4. Alisma *damasonium*, E. Anagallis *tenella*, E. Anemone *ranunculoïdes*, 4. Anthyllis *vulneraria*, E. Arenaria *trinervia*, 6-7. Betula *pubescens*, P. Bunias *paniculata*, E. Carex *fulva*, 6-7; *mairii*, 5-6; *paniculata*, 5-6. Carum *bulbocastanum*, E. Centunculus *minimus*, E. Chlora *perfoliata*, 7-8. Corrigiola *littoralis*, E. Cyperus *flavescens*, E. Doronicum *plantagineum*, P. Drosera *rotundifolia*, 6-7. Elatine *hexandra*, E. Epilobium *spicatum*, E. Euphorbia *dulcis*, 7; *purpurata*, P. Exacum *filiforme*, E. Galanthus *nivalis*, 2. Galeobdolon *luteum*, 5. Genista *anglica*,E. Gentiana *pneumonanthe*, 6-7. Hydrocotyle *vulgaris*, E. Hypericum *montanum*, 6-7. Inula *helenium*, E. Juncus *supinus*, E. Lycopodium *clavatum*, E. Melilotus *leucantha*, E. Monotropa *hypopitys*, 7-8. Nayas *minor*, E. Ophrys *anthropophora*, 5-6. Ophioglossum *vulgatum*, 6-7. Orchis *hircina*, 6-7; *pyramidalis*, 5-6. Ornithogalum *minimum*, 3-4. Osmunda *regalis*, 6. Oxalis *acetosella*, P.; *corniculata*, 5-9. Parnassia *palustris*, A. Pedicularis *palustris*, E. Phalaris *utriculata*, 6. Polystichum *aculeatum*, E.; *thelypteris*, E. Pyrethrum *corymbosum*, E. Pyrola *minor*, 5-6; *rotundifolia*, 5-6. Radiola *millegrana*, 6-7. Ranunculus *nemorosus*, 5-6. Rosa *tomentosa*, E ; *villosa*, E. Rubus *idæus*, 6. Rumex *patientia*, E. Saponaria *vaccaria*, E. Scirpus *bæothrion*, E.; *maritimus*, 6-7 ; *ovatus*, E. Scutellaria *columnæ*, 6-7; *minor*, E. Silene *gallica*, E. Sparganium *natans*, E. Thalictrum *lucidum*, 6-8. Thesium *linophyllum*, E. Tillæa *muscosa*, 6-7. Ulex *nanus*, 9-10. Utricularia *vulgaris*, E. Veronica *verna*, 4. Vicia *angustifolia*, 5-6.

MEULAN. — Drosera *rotundifolia*, 6-7. Melica *ciliata*, 7. Salvia *sclarea*, E.;

MICHEL (St-), près St-LEU. — Actæa *spicata*, 5 6.

MIGNAUX. — Lamium *hirsutum*, P.

MILLY. — Vicia *lutea*, 5-6.

MONTEREAU. — Orlaya *grandiflora*, 6-7. Sium *latifolium*, E.

MONTFORT-L'AMAURY. — Alisma *natans*, E. Carex *ampullacea*, 5-6 ; *biligularis*, 5-6. Ceterach *officinarum*, 9-10 (La Queue). Comarum *palustre*, 5-6. Eriophorum *vaginatum*, 4-5. Exacum *filiforme*, E. Pilularia *globulifera*, 6-7. Ranunculus *hederaceus*, 5-8. Scirpus *supinus*, 6.

MONTGERON. — Lathyrus *angulatus*, 5-6. Salvia *verbenaca*, E. Saponaria *vaccaria*, E. Turgenia *latifolia*, 6-7.

MONTMARTRE. — Blitum *virgatum*, E. Cochlearia *draba*, 6-7.

MONTMORENCY. — Allium *ursinum*, P.; *moly*, E. Anagallis *tenella*, E. Asperula *odorata*, 5. Blechnum *spicant*, E. Bromus *giganteus*, 7. Carduus *marianus*, E. Carex *cæspitosa*, 4-5 ; *divisa*, 5-6 ; *hordeistichos*, 5 ; *mairii*, 5-6 ; *maxima*, 5-6 ; *nitida*, 5-6 ; *remota*, 4-5. Centunculus *minimus*, E. Cineraria *campestris*, 5-6. Cuscuta *major*, E. Cyperus *flavescens*, E. Daphne *laureola*, 3-4. Dipsacus *pilosus*, E. Draba *muralis*, 4; M. Drosera *rotundifolia*, 6-7. Echinops *sphærocephalus*, E. Erica *anandra*, E. ; *tetralix*, E. (Château de la Chasse). Fumaria *micrantha*, E. Gentiana *germanica*, 8-9. Gnaphalium *dioïcum*, P. Gypsophila *muralis*, E. Helminthia *echioïdes*, E. Inula *helenium*, E. Iris *fœtidissima*, 7-8. Juncus *pygmeus*, E. Lysimachia *nemorum*, E. Mayanthemum *bifolium*, 5. Mespilus *germanica*, 5. Myosurus *minimus*, 4-6. Neottia *æstivalis*, E.; *spiralis*, 9. OEgopodium *podagraria*, E. OEnanthe *approximata*, 6. Ophioglossum *vulgatum*, 6-7. Orchis *coriophora*, 5-6; *mascula*, P.; *simia*, 5-6; *ustulata*, 5-6 ; *viridis*, 6. Ornithogalum *pyrenaïcum*, 6. Orobanche *eryngii*, E. Orobus *vernus*, 4. Osmunda *regalis*, 6. Paris *quadrifolia*, 5-6. Petroselinum *segetum*, E. Peucedanum *sylvestre*, 6. Phyteuma *spicata*, 5-6. Pimpinella *magna*, E. Pinguicula *vulgaris*, 5-6. Polystichum *aculeatum*, E. Pyrola *rotundifolia*, 5-6. Salvia *sclarea*, E. Senecio *adonidifolius*, 7-8. Sison *amomum*, E. Stachys *alpina*, E. Veronica *præcox*, 4.

MONTREUIL. — Cochlearia *draba*, 6-7.

MONTROUGE. — Helminthia *echioïdes*, E. Lathyrus *nissolia*, 6-7. Prismatocarpus *hybridus*, E.

MONT-VALÉRIEN. — Erysimum *præcox*, 4. Genista *pilosa*, 5. Peucedanum *oreoselinum*, E. Salvia *sclarea*, E. Seseli *annuum*, E. Silene *otites*, E. Sisymbrium *murale*, E. Tragopogon *majus*, 5-6.

MORET, près FONTAINEBLEAU. — Ægilops *triuncialis*,

6-7. Andropogon *ischœmum*, 5. Bromus *gigánteus*, 7. Carex *ampullacea*, 5-6 ; *teretiuscula*, 5. Epilobium *palustre*, E. Eriophorum *gracile*, 4-5. Euphorbia *gerardiana*, 5-6 ; *palustris*, P. ; *platyphyllos*, E. Euphrasia *odontites*, var. *Jaubertiana*, A. Hottonia *palustris*, 5-6. Lathyrus *palustris*, 6-7. Malaxis *lœselii*, 3-6. Nayas *minor*, E. Neottia *œstivalis*, E. OEnanthe *lachenalii*, E. Polystichum *thelypteris*, E. Ranunculus *lingua*, 6-8. Sanguisorba *officinalis*, 7-8. Stellera *passerina*, 9-10. Tordylium *maximum*, E.

MORTEFONTAINE.—Anemone *ranunculoïdes*, 3-4. Bidens *cernua*, E. Bromus *giganteus*, 7. Cirsium *hybridum*, E. Carex *ampullacea*, 5-6 ; *arenaria*, E.; *cœspitosa*, 4-5 ; *dioïca*, 5-6 ; *fulva*, 6-7 ; *mairii*, 5-6. Cuscuta *major*, E. Drosera *anglica*, 6-7 ; *longifolia*, 6-7 ; *rotundifolia*, 6-7. Epilobium *palustre*, E.; *spicatum*, E . Erica *tetralix*, E. Gentiana *cruciata*, 6-7; *germanica*, 8-9. Hypericum *elodes*, 6-7; Impatiens *noli-tangere*, E. Juncus *squarrosus*, 6. Malaxis *lœselii*, 5-6. Nayas *minor*, E. Neottia *œstivalis*, E. OEnanthe *lachenalii*, E. Orchis *coriophora*, 5-6. Osmunda *regalis*, 6. Phyteuma *orbicularis*, 6-8. Pinguicula *vulgaris*, 5-6. Polystichum *callipteris*, E.; *thelypteris*, E. Potamogeton *fluitans*, E. ; *heterophyllum*, E. ; *plantagineum*, E. Pyrola *rotundifolia*, 5-6. Salix *arenaria*, 5 ; *depressa*, 5 ; Schænus *albus*, E. ; *mariscus*, E.; *nigricans*, E. Scirpus *bœothrion*, E. ; *caricis*, 5-6. Scutellaria *minor*, E. Silene *otites*, E. Spergula *nodosa*, E. Tussilago *petasites*, 3-4. Utricularia *minor*, E. Veronica *spicata*, 6-7.

MOYVILLERS, près COMPIÈGNE.— Lathyrus *hirsutus*, E. Linaria *arvensis*, E.

NANTERRE. —Myagrum *sativum*, 6.

NANTUA, près NEMOURS. — Seseli *annuum*, E.

NEMOURS. — Adonis *autumnalis*, 7-8. Anagallis *tenella*, E. Andropogon *ischœmum*, 5. Arenaria *setacea*, E. Aster *amellus*, 7-9 (Bois de Villiers). Brassica *cheïranthos*, 7-8 ; *perfoliata*, E. Brunella *grandiflora*, E. Bulliarda *Vaillantii*,

E. Bunias *paniculata*, E. Buplevrum *aristatum*, E. ; *rotundifolium*, 7. Buxus *sempervirens*, 3-4. Carduncellus *mitissimus*, E. Carex *ampullacea*, 5-6 ; *dioïca*, 5-6 ; *paradoxa*, 5. Carum *bulbocastanum*, E. Cerastium *brachypetalum*, E. Ceterach *officinarum*, 9-10. Corrigiola *littoralis*, E. Cratægus *amelanchier*, 5. Cyperus *flavescens*, E. ; *longus*, 8-9. Cytisus *supinus*, 6-7. Epilobium *palustre*, E. Eriophorum *gracile*, 4-5. Euphorbia *gerardiana*, 5-6 ; *verrucosa*, E. Genista *pilosa*, 5. Gentiana *germanica*, 8-9 ; *pneumonanthe*, 6-7. Globularia *vulgaris*, 5. Helianthemum *pulverulentum*, 6-7. Helleborus *fœtidus*, 2-4 ; *viridis*, 4-5. Helosciadium *repens*, E. Hottonia *palustris*, 5-6. Inula *hirta*, E. Lampsana *minima*, 5-6. Laserpitium *asperum*, E. Leonurus *cardiaca*, E. Lepidium *latifolium*, 8 ; *petræum*, 3-4. Limodorum *abortivum*, 6. Limosella *aquatica*, E. Linaria *pelisseriana*, E. Malaxis *lœselii*, 5-6. Myagrum *sativum*, 6. Nayas *minor*, E. Neottia *æstivalis*, E. Nigella *arvensis*, E. OEnanthe *lachenalii*, E. Ononis *natrix*, E. Ophioglossum *vulgatum*, 6-7. Ophrys *anthropophora*, 5-6. Orchis *coriophora*, 5-6 ; *galeata*, 5-6 ; *mascula*, P.; *odoratissima*, E.; *ustulata*, 5-6. Orlaya *grandiflora*, 6-7. Ornithogalum *minimum*, 3-4. Orobanche *cœrulea*, 6. Parnassia *palustris*, A. Peucedanum *cervaria*, E. ; *carvifolium*, E. Phalangium *liliago*, 5 ; *ramosum*, E. Phyteuma *orbicularis*, 6-8. Pinguicula *vulgaris*, 5-6. Polycnemum *arvense*, E. Polygala *austriaca*, 6. Polygonum *bellardi*, E. Polypodium *dryopteris*, E. Potamogeton *plantagineum*, E. ; *pusillum*, E. Ranunculus *chærophyllos*, 5-6 ; *lingua*, 6-8. Rosa *pimpinellifolia*, 5-6. Salvia *sclarea*, E. Sanguisorba *officinalis*, 7-8. Saponaria *vaccaria*, E. Scabiosa *suaveolens*, E. Schænus *mariscus*, E. ; *nigricans*, E. Scilla *autumnalis*, 8-9. Scirpus *bœothrion*, E ; *caricis*, 5-6. Scolopendrium *officinale*, E. Sedum *villosum*, 7 (Bois de Nantua). Senecio *aquaticus*, 6-7. Sium *latifolium*, E. Sparganium *natans*, E. Spergula *nodosa*, E. Stellera *passerina*, 9-10. Stipa *pennata*, 5-6. Tillæa *muscosa*, 6-7. Tragopogon *majus*, 5-6. Trifolium *ochroleucum*, 6-7 ; *parisiense*,

É.; *strictum*, E. (Roches de la Barauderie). Utricularia *minor*, E. Valerianella *coronata*, E.; *eriocarpa*, 5. Veronica *prostrata*, P. — V. **CHATEAU-LANDON**.

NEMOURS (BRETEUIL, près). — Polygala *amara*, T. 5-6.

NEMOURS (NANTUA, près). — Seseli *annuum*, E.

NEUILLY-SUR-MARNE. — Corydalis *lutea*, 4. Euphorbia *palustris*, P. Geranium *pyrenaïcum*, E. Hieracium *auricula*, E. Neottia *æstivalis*, E. Ophrys *monorchis*, 6. Orchis *viridis*, 6-7. Scilla *patula*, 5. Spergula *nodosa*, E.

NEUILLY-SUR-SEINE (PARC DE). — Anthriscus *sylvestris*, E. Buplevrum *rotundifolium*, 7. Cineraria *campestris*, 5-6.

NOYON, près **COMPIÈGNE.** — Vaccinium *myrtillus*, 4-5.

NOYON (VAUCHELLES, près). — Chrysosplenium *oppositifolium*, 4-5.

ORSAY. — Allium *ursinum*, P. Cardamine *amara*, 4-5. Carex *divisa*, 5-6. Epilobium *roseum*, E. Limodorum *abortivum*, 6. Panicum *glaucum*, 7-8.

OUEN (ST-). — Carex *schreberi*, 4-5.

OURQ (CANAL DE L'). — Rubia *tinctorum*, 6-7.

PALAISEAU. — Allium *ursinum*, P. Aquilegia *vulgaris*, 5-7. Cardamine *amara*, 4-5. Carex *divisa*, 5-6. Dipsacus *pilosus*, E. Epilobium *roseum*, E. Euphorbia *purpurata*, P. Myagrum *dentatum*, 6. Orchis *coriophora*, 5-6 ; *ustulata*, 5-6. Oxalis *corniculata*, 5-9. Panicum *glaucum*, 7-8. Parnassia *palustris*, A. Senecio *adonidifolius*, 7-8. Trifolium *michelianum*, 5. Vicia *purpurascens*, E.

PANTIN. — Helminthia *echioïdes*, E.

PARIS (vieux murs), — Corydalis *lutea*, 4. Sinapis *nigra*, E. Sisymbrium *murale*, E.

PARIS (bords de la Seine). — Samolus *valerandi*, E. (quais). Sedum *dasyphyllum* (idem). Bidens *cernua*, E. (ponts).

Amaranthus *prostratus*, E. (Place du Louvre).

PASSY. — Anthemis *mixta*, E. Bunias *cochlearioïdes*, 5-6. Euphorbia *esula*, E.

PIERRE (St-). — **V. COMPIÈGNE.**

PIERREFONDS. — Aspidium *fragile*, 9-10. Carex *maxima*, 5-6. Chrysosplenium *alternifolium*, 4-5. Euphorbia *platyphyllos*, E. Lactuca *perennis*, E. Orchis *viridis*, 6-7. Polypodium *dryopteris*, E. Polystichum *aculeatum*, E. Scolopendrium *officinale*, E. Tordylium *maximum*, E.

PIERREFONDS (TAILLEFONTAINE, près). — Tussilago *petasites*, 3-4.

PLANET (ÉTANG DU), près **St-LÉGER.** — Aira *discolor*, E. Carex *biligularis*, 5-6. Lycopodium *inundatum*, E. Ranunculus *hederaceus*, 5-8.

PLESSIS-PIQUET. — Aspidium *fragile*, 9-10. Chlora *perfoliata*, 7-8. Orchis *ustulata*, 5-6; *viridis*, 6-7. Panicum *glaucum*, 6-7. Scirpus *caricis*, 5-6. Trifolium *parisiense*, E.

POIGNY, près **St-LÉGER.** — Eriophorum *gracile*, 4-5. Juncus *squarrosus*, 6. Linaria *arvensis*, E.

POINT-DU-JOUR (LE), près le **BOIS DE BOULOGNE.** — Buplevrum *tenuissimum*, E. Centaurea *solstitialis*, E. Isatis *tinctoria*, 5-6. Medicago *villosa*, E. Polycnemum *arvense*, E. Prismatocarpus *hybridus*, E. Trigonella *monspeliaca*, 5-6.

POISSY. — Dianthus *caryophyllus*, E. Hypecoum *procumbens*, 6. Lamium *hirsutum*, P.

POLIGNY, près **NEMOURS.** — Dianthus *superbus*, E. Ornithogalum *fistulosum*, 3-4.

PONTARMÉ. — Phalangium *ramosum*, E. Scilla *bifolia*, P.

PONTOISE. — Phyteuma *orbicularis*, 6-8.

PONT-St-MAXENCE. — Alisma *ranunculoïdes*, E. Atropa *belladona*, 6-7. Rubus *idæus*, 6. Seseli *libanotis*, A.

PRASLIN, près **MELUN.** — Medicago *scutellata*, E. Narcissus *incomparabilis*, 4-5.

PRIX (St-). — Bromus *giganteus*, 7. Peucedanum *oreoseli-num*, E. Sedum *anacampseros*, E.

PROVINS. — Adonis *autumnalis*, 7-8. Allium *angulosum*, E. Andropogon *ischœmum*, 5. Bidens *cernua*, E. Buxus *sempervirens*, 3-4. Campanula *cervicaria*, 8-9 (Forêt de Sourdun). Cerastium *brachypetalum*, E. Ceterach *officinarum*, 9-10. Cytisus *supinus*, 6-7. Epipactis *ensifolia*, 6. Erysimum *hieracifolium*, 6-7. Exacum *filiforme*, E. Fragaria *collina*, 5. Gratiola *officinalis*, E. Hyssopus *officinalis*, E. Lithospermum *purpuro-cœruleum*, 5. Orchis *coriophora*, 5-6 ; *ustulata*, 5-6. Orlaya *grandiflora*, 6-7. Petroselinum *segetum*, E. Phyteuma *spicata*, 5-6. Rosa *gallica*, E.; *tomentosa*, E. Salvia *sclarea*, E. Sison *amomum*, E. Sium *latifolium*, E. Tussilago *petasites*, 3-4. Veronica *prostrata*, P.

PROVINS (**BLUNAY**, près). — Gratiola *officinalis*, E. Lathyrus *palustris*, 6-7. Sium *latifolium*, E.

PROVINS (**MONTRAMÉ**, près). — Cytisus *supinus*, 6-7. Sedum *sexangulare*, E.

QUENTIN (Etang de St-), près **VERSAILLES**. — Littorella *lacustris*, 6. Potentilla *supina*, E.

QUEUE-EN-BRIE (La). — Helleborus *hiemalis*, 2-4. Myagrum *sativum*, 6.

RAMBOUILLET. — Alyssum *spinosum*, 4-5. Carex *fulva*, 6-7. Carum *verticillatum*, E. Comarum *palustre*, 5-6 (Etang du Serisaie). Dianthus *deltoïdes*, E. Drosera *rotundifolia*, 6-7. Eriophorum *gracile*, 4-5; *vaginatum*, 4-5. Exacum *filiforme*, E. Hypericum *elodes*, 6-7. Lampsana *minima*, 6-7. Malaxis *paludosa*, 6. Mespilus *germanica*, 5. Orobanche *ramosa*, 6. Vaccinium *oxycoccos*, E. (Etang du Serisaie). Paronychia *verticillata*, E. Phalaris *utriculata*, 6. Polygonum *pusillum*, E. Schœnus *albus*, E.; *fuscus*, E. (Etang du Serisaie). Scirpus *multicaulis*, E. Sedum *dasyphyllum*, E. (Murs de l'hôpital). Solidago *graveolens*, E. Trifolium *ochroleucum*, 6-7. — V. SERISAIE (Etang du).

REMY, près COMPIÈGNE. — Euphrasia *lutea*, E. Lythrum *hyssopifolia*, 6-7

RENTILLY. — V. LAGNY.

RIS. — Helminthia *echioïdes*, E. Polycnemum *arvense*, E. Prenanthes *pulchra*, 6. Veronica *prœcox*, 4.

ROCHE - GUYON (LA). — Adonis *autumnalis*, 7-8. Althæa *hirsuta*, E. Anemone *pulsatilla*, 4-6. Anthriscus *sylvestris*, E. Astragalus *monspessulanus*, 7. Brassica *eruca*, P. Cornus *mas*, 3-4. Coronilla *minima*, 5-7 ; *varia*, 6. Cratægus *amelanchier*, 5. Euphorbia *esula*, E. Epipactis *lancifolia*, 4-5. Fœniculum *vulgare*, E. Fumaria *micrantha*, E. Globularia *vulgaris*, 5. Helianthemum *pulverulentum*, 6-7. Helleborus *fœlidus*, 2-4. Iris *fœtidissima*, 7-8. Isatis *tinctoria*, 5-6. Limodorum *abortivum*, 6. Linum *tenuifolium*, 6-7. Lithospermum *purpuro-cœruleum*, 5. Melica *ciliata*, 7. Ononis *columnæ*, E. ; *natrix*, E. Ophrys *apifera*, P.; *monorchis*, 6. Orobanche *cœrulea*, 6. Phyteuma *orbicularis*, 6-8. Prenanthes *pulchra*, 6. Seseli *libanotis*, A. Sisymbrium *murale*, E. Teucrium *montanum*, E. Tilia *microphylla*, E. Verbascum *nigrum*, E. — V. **AMMENUCOURT.**

ROMAINVILLE. — Agrostis *paradoxa*, 7. Campanula *rapunculoïdes*, 6-8. Helminthia *echioïdes*, E. Pyrethrum *corymbosum*, E. Veronica *verna*, 4. Vicia *angustifolia*, 5-6.

RONCEVEAUX, près MALESHERBES. — Scabiosa *gmelini*, E.

ROSNY. — Digitalis *parviflora*, E.

ROUGEAUX et FORÊT. — Althæa *hirsuta*, E. Carex *tomentosa*, 4-5. Ceterach *officinarum*, 9-10. Digitalis *parviflora*, E. Euphorbia *lathyris*, P. Geranium *sanguineum*, 5-6. Iris *fœtidissima*, 7-8. Linum *tenuifolium*, 6-7. Lithospermum *purpuro-cœruleum*, 5. Lythrum *hyssopifolia*, 6-7. Phalangium *liliago*, 5. Potamogeton *monogynum*, 6-7. Prenanthes *pulchra*, 6. Rubia *peregrina*, 6-7 ; *tinctorum*, 6-7. Scirpus *multicaulis*, E. Trifolium *ochroleucum*, 6-7 ; *subterraneum*, P. — V. Les **BROSSES**.

ROUVRES, près **CRÉPY**. — Andropogon *ischæmum*, 5.

ROYAUMONT. — Euphorbia *palustris*, P.

RUEIL. — Centaurea *solstitialis*, E. Veronica *præcox*, 4.

SABLONS. — Corrigiola *littoralis*, E. Tragus *racemosus*, 7. Trigonella *monspeliaca*, 5-6.

SACY-LE-GRAND. — Alisma *ranunculoïdes*, E. Cirsium *hybridum*, E. Schœnus *mariscus*, E. Valerianella *coronata*, E.; *eriocarpa*, 5.

SATORY. — Allium *scorodoprasum*, E. Betula *pubescens*, P. Narcissus *incomparabilis*, 4-5. Ophrys *anthropophora*, 5-6. Pyrola *minor*, 5-6 ; *rotundifolia*, 5-6. Scutellaria *minor*, E.

SAUVEUR (St-). — V. **COMPIÈGNE**.

SAVETEUX, près **Le CHATELET**. — Scleranthus *perennis*, E.

SAVIGNY. — Erica *tetralix*, E. Tulipa *sylvestris*, 3-4. Urtica *pilulifera*, E. Vaccinium *myrtillus*, 4-5 ; *vitis-idœa*, E.

SCEAUX. — Carex *dioïca*, 5-6. Drosera *longifolia*, 6-7. Erysimum *hieracifolium*, 6-7. Hippuris *vulgaris*, 6-7. Lathyrus *hirsutus*, E. Orchis *coriophora*, 5-6. Oxalis *corniculata*, 5-9. Potamogeton *plantagineum*, E. Salix *fissa*, 4-5 ; *lanceolata*, 4-5. Silene *gallica*, E.

SEINE (Rives de la). — Bidens *cernua*, E. Centaurea *myacantha*, E. Chenopodium *opulifolium*, E. Corrigiola *littoralis*, E. Limosella *aquatica*, E. Ranunculus *aquatilis*, 4-8. Rumex *aquaticus*, 8. Samolus *valerandi*, E. Senecio *paludosus*, E. Sinapis *nigra*, E. Sisymbrium *palustre*, E.; *supinum*, E. Villarsia *nymphoïdes*, 6. Xanthium *strumarium*, 6-7.

SELLE (Bois de la). — Cirsium *eriophorum*, E. Dipsacus *pilosus*, E. Polystichum *thelypteris*, E. Veronica *montana*, E.

SENART. — Alisma *natans*, E.; *ranunculoïdes*, E. Althæa *hirsula*, E. Asperula *arvensis*, 5-6. Botrychium *lunaria*, 6. Buxus *sempervirens*, 3-4. Campanula *cervicaria*, 8-9. Carex *depauperata*, 5-6 ; *fulva*, 6-7 ; *tomentosa*, 4-5. Centunculus *minimus*, E. Chlora *perfoliata*, 7-8. Cineraria *campestris*, 5-6. Dianthus *deltoïdes*, E. Elatine *alsinastrum*, E.; *hexandra*, E. Erica *vagans*, 7-8. Eriophorum *vaginatum*, 4-5. Euphorbia *dulcis*, 7 ; *palustris*, P. Exacum *filiforme*, E.; *pusillum*, E. Genista *anglica*, E. Gnaphalium *dioïcum*, P. Helleborus *fœtidus*, 2-4. Hypericum *quadrangulare*, 6-7; *montanum*, 6-7. Lactuca *perennis*, E. Lythrum *hyssopifolia*, 6-7. Myosotis *stricta*, 4-6. Ophioglossum *vulgatum*, 6-7. Ophrys *apifera*, P. Orchis *laxiflora*, P. Paris *quadrifolia*, 5-6. Phyteuma *spicata*, 5-6. Pilularia *globulifera*, 6-7. Plantago *minima*, E. Polycnemum *arvense*, E. Polypodium *dryopteris*, E. Potamogeton *heterophyllum*, E.; *monogynum*, 6-7. Potentilla *splendens*, 5. Primula *grandiflora*, 4-5. Radiola *millegrana*, 6-7. Salix *fissa*, 4-5 ; *lanceolata*, 4-5. Salvia *sclarea*, E. Samolus *valerandi*, E. Saponaria *vaccaria*, E. Scilla *bifolia*, P. Scirpus *multicaulis*, E.; *ovatus*, E. Sorbus *domestica*, 5. Teucrium *scordium*, E. Tilia *microphylla*, E. Trifolium *medium*, 5-6 ; *rubens*, 6-7 ; *subterraneum*, P. Turgenia *latifolia*, 6-7. Typha *media*, E. Utricularia *minor*, E. Veronica *acinifolia*, P.

SENLIS. — Alyssum *spinosum*, 4-5. Andropogon *ischæmum*, 5. Anemone *sylvestris*, 5. Asperula *arvensis*, 5-6. Asplenium *septentrionale*, E. Bromus *giganteus*, 7. Brunella *grandiflora*, E. Carduus *marianus*, E. Carex *arenaria*, E. Carum *bulbocastanum*, E. Centaurea *solstitialis*, E. Chrysosplenium *oppositifolium*, 4-5. Corrigiola *littoralis*, E. Dianthus *superbus*, E. Erica *tetralix*, E. Fumaria *capreolata*, E. Galanthus *nivalis*, 2. Genista *pilosa*, 5. Hippuris *vulgaris*, 6-7. Melica *montana*, 5-6. Monotropa *hypopitys*, 7-8. Nardus *stricta*, 5-6. Ophrys *apifera*, P.; *aranifera*, 4-5 ; *monorchis*, 6. Orchis *galeata*, 5-6 ; *pyramidalis*, 5-6 ; *simia*,

6-7. Orobanche *comosa*, 6 ; *ramosa*, 6. Orobus *vernus.* 4.
Phalangium *liliago*, 5. Phyteuma *spicata.* 5-6. Pinguicula
vulgaris, 5-6. Potentilla *splendens*, 5. Ranunculus *lingua*,
6-8. Saponaria *vaccaria*, E. Scabiosa *sylvatica*, 5-6. Scleranthus *perennis*, E. Sium *latifolium*, E. Sorbus *aucuparia*, 5. Vaccinium *myrtillus*, 4-5. Valerianella *eriocarpa*, 5.
Verbascum *phlomoïdes* , E. Veronica *scutellata*, E.; *spicata*, 6-7. Vicia *lutea.* 5-6. — **V. FLEURINES ; THIERS**
et **THURY-EN-VALOIS.**

SÉRANS, près **MAGNY.** — Carex *maxima*, 5-6. Gnaphalium
dioïcum, P. Hypochæris *maculata,* 6-7. Inula *helenium*, E.
Lampsana *minima*, 5-6. Lysimachia *nemorum,* E. Neottia
spiralis, 9. Ranunculus *hederaceus*, 5-8. Vaccinium *myrtillus*, 4-5.

SERISAIE (ÉTANG DU), près **RAMBOUILLET.** — Carex
curta, 5. Comarum *palustre*, 5-6. Eriophorum *gracile,*
4-5. Lobelia *urens*, E. Malaxis *paludosa,* 6. Vaccinium
oxycoccos, E. Scirpus *cæspitosus*, 5.

SÈVRES. — Anagallis *tenella*, E. Anthyllis *vulneraria*, E. Carex *cyperoïdes*, 5-6. Centaurea *solstitialis*, E. Corydalis
lutea, 4. Draba *muralis*, 3-4. Euphorbia *verrucosa*, E. Galega
officinalis, E. Inula *helenium*, E. Isatis *tinctoria*, 5-6. Lamium *hybridum,* P. Lythrum *hyssopifolia*, 6-7 (près le
pont). Ononis *columnæ*, E.; *natrix*, E. Polycnemum *arvense*, E. Polygala *austriaca*, 6. Rumex *patientia*, F. Sedum
telephium, 8 (Butte). Sisymbrium *supinum*, E. Thalictrum
minus, 6-8 (Garenne).

SÉZANNE-EN-BRIE. — Carex *cyperoïdes*, 5-6.

SIGY [FORÊT DE). — V. **DONNEMARIE.**

SOISSONS. — Euphrasia *lutea*, E. Helleborus *viridis*, 3-4.
Helosciadium *repens*, E. Orlaya *grandiflora*, 6-7. Peucedanum *sylvestre*, 6. Polygonum *bistorta*, E. Potentilla *su-*

pina, **E.** Salvia *sylvestris*, **E.** Scabiosa *sylvatica*, 5-6. Sium *latifolium*, E. Thesium *alpinum*, E.

SOUDRON, près **CRÉPY**. — Cicuta *virosa*, 6.

SOURDUN (Forêt de), près **PROVINS**. — Campanula *cervicaria*, 8-9. Euphorbia *dulcis*, 7.

STAIN. — Allium *moly*, E.

THIERS, près **SENLIS**. — Erica *tetralix*, E. Gentiana *germanica*, 8-9 ; *pneumonanthe*, 6-7. Potentilla *splendens*, 5. Utricularia *minor*, E.

THURY-EN-VALOIS, près **SENLIS**. — Chrysosplenium *oppositifolium*, 4-5. Cuscuta *major*, E. Dianthus *deltoïdes*, E. Lathyrus *hirsutus*, E. Pyrola *rotundifolia*, 5-6. Saponaria *vaccaria*, E. Veronica *acinifolia*, P.

TOUSSU, près **VERSAILLES**. — Ægopodium *podagraria*, E. Ammi *majus*, E.

TRIANON. — Tussilago *petasites*, 3-4.

TRIEL. — Exacum *filiforme*, E. Myrica *gale*, 4 (Vallée de Vaux). Neottia *spiralis*, 9. Polygonum *pusillum*, E.

TROU-SALÉ, près **VERSAILLES**.—Alisma *damasonium*, E. Elatine *alsinastrum*, E.; *hexandra*, E. Hottonia *palustris*, 5-6. Gypsophila *muralis*, E. Littorella *lacustris*, 6. Potamogeton *heterophyllum*, E. Potentilla *supina*, E. Rumex *palustris*, E. Scirpus *supinus*, 6.

VAAST (St-)-**DE-LONGMONT**, près **VERBERIE**. — Chrysosplenium *oppositifolium*, 4-5.

VAL (Le). — V. St-GERMAIN.

VALÉRIEN (**MONT-**).—Salvia *sclarea*, E. Seseli *annuum*, E. Tragopogon *majus*, 5-6. Trigonella *monspeliaca*, 5-6.

VALVINS. — Althæa *hirsuta*, E. Androsæmum *officinale*, 6-7. Carex *maxima*, 5-6. Cytisus *supinus*, 5-6. Digitalis *par-*

viflora, E. Euphorbia *esula*, E.; *lathyris*, P.; *platyphyllos*, E.; *verrucosa*, E. Epipactis *rubra*, E. Equisetum *hiemale*. 2-3. Geranium *pyrenaïcum*, E. Laserpitium *asperum*, E. Linaria *purpurœa*, E. Ophrys *anthropophora*, 5-6. Ornithogalum *pyrenaïcum*, 6. Peucedanum *carvifolium*, E. Physalis *alkekengi*, 5-6. Scolopendrium *officinale*, E. Sisymbrium *murale*, E.

VANTEUIL, près **LA FERTÉ-SOUS-JOUARRE**. — Lithospermum *purpuro-cœruleum*, 5.

VAUCHELLES, près **NOYON**. Chrysosplenium *oppositifolium*, 4-5.

VAUGIRARD. — Hypecoum *procumbens*, 6.

VAUMAISE, près **CREPY**. — Teucrium *montanum*, E.

VERBERIE. — Chrysosplenium *oppositifolium*, 4-5. — V. St-**VAAST-DE-LONGMONT**.

VERNON. — Althæa *hirsuta*, E. Anemone *pulsatilla*, 4-6. Asperula *odorata*, 4-5. Astragalus *monspessulanus*, 7. Brunella *grandiflora*, E. Cerastium *brachypetalum*, E. Cerasus *mahaleb*, 4. Chlora *perfoliata*, 7-8. Chrysocoma *linosyris*, E. Cornus *mas*, 3-4. Digitalis *parviflora*, E. Fœniculum *vulgare*, E. Fumaria *micrantha*, E. Globularia *vulgaris*, 5. Helianthemum *fumana*, 5-6. Hissopus *officinalis*, E. Linum *tenuifolium*, 6-7. Lolium *multiflorum*, 7. Luzula *maxima*, 5-6? Melica *ciliata*, 7 (Vernonet). Menyanthes *trifoliata*, 4-5. Mespilus *germanica*, 5. Monotropa *hypopitys*, 7-8. Ononis *columnœ*, E.; *natrix*, E. Ophrys *apifera*, P. Orchis *odoratissima*, E. Orobanche *eryngii*, E. Phalangium *ramosum*, E. Phyteuma *orbicularis*, 6-8; *spicata*, 5-6. Polygala *austriaca*, 6. Prenanthes *pulchra*, 6. Rubia *peregrina*, 6-7. Seseli *libanotis*, A. Sesleria *cœrulea*, P. Sisymbrium *murale*, E. Stachys *alpina*, E. Trifolium *ochroleucum*, 6-7. Verbascum *nigrum*, E.

VERRIÈRES (Bois DE). — Campanula *hederacea*, E. Paris

quadrifolia, 5-6. Rosa *tomentosa*, E. Solidago *graveolens*, E. Sparganium *natans*, E.

VERSAILLES. — Adonis *autumnalis*, 7-8. Ægopodium *podagraria*, E. Alisma *damasonium*, E. Allium *moly*, E. (Parc). Anchusa *italica*, 6-7; *sempervirens*, 5-6. Anthriscus *sylvestris*, E. Aquilegia *vulgaris*, 5-7. Barkhausia *setosa*, E. Buplevrum *tenuissimum*, E. Campanula *rapunculoïdes*, 6-8. Cirsium *eriophorum*, E. Chrysanthemum *segetum*, E. Crepis *tectorum*, E. Corydalis *lutea*, 4. Draba *muralis*, 4 (Murs). Drosera *rotundifolia*, 6-7. Epipactis *ensifolia*, 6. Fumaria *capreolata*, E. Galanthus *nivalis*, 2 (Parc). Galeobdolon *luteum*, 5. Geranium *pyrenaïcum*, E. Gypsophila *muralis*, E. Hottonia *palustris*, 5-6. Hypericum *quadrangulum*, 6-7. Impatiens *noli-tangere*, E. Lamium *hybridum*, P. Leonurus *cardiaca*, E. Limosella *aquatica*, E. Lobelia *urens*, E. Lythrum *hyssopifolia*, 6-7. Monotropa *hypopitys*, 7-8. Myosurus *minimus*, 4-6. Narcissus *poeticus*, 5. OEnanthe *crocata*, E. Ononis *columnœ*, E. Orchis *coriophora*, 5-6. Paris *quadrifolia*, 5-6. Phyteuma *spicata*, 5-6. Pimpinella *magna*, E. Polypodium *calcareum*, E. (Bassins). Polypodium *dryopteris*, E. (Parc). Potamogeton *heterophyllum*, E.; *monogynum*, 6-7. Pyrola *rotundifolia*, 5-6. Ranunculus *lingua*, 6-8. Rubus *idœus*, 6. Scolopendrium *officinale*, E. Scutellaria *minor*, E. Sedum *cepœa*, E. Senecio *aquaticus*, 6-7. Silene *noctiflora*, E. Solidago *graveolens*, E. Sonchus *palustris*, E. Sparganium *natans*, E. Spergula *pentandra*, E. Stellaria *aquatica*, 6-7. Teucrium *scordium*, E. Trapa *natans*, E. Tussilago *petasites*, 3-4. Ulex *nanus*, 9-10. Verbascum *phlomoïdes*, E. Veronica *acinifolia*, P.; *montana*, E.; *peregrina*, 5-6; *verna*, 4. Xanthium *spinosum*, E.

VERSAILLES (TOUSSU, près). — Ægopodium *podagraria*, E. Ammi *majus*, E.— V. **LES LOGES**; le **TROU-SALÉ** et l'ÉTANG DE SAINT-QUENTIN.

VESSINET (Bois du). — Anthriscus *sylvestris*, E. Brassica *cheïranthos*, 7-8. Linaria *pelisseriana*, E. Potentilla *splendens*, 5. Verbascum *mixtum*, E. Veronica *spicata*, 6-7.

VILLE-D'AVRAY. — Anagallis *tenella*, E. Centunculus *minimus*, E. Gratiola *officinalis*, E, Hypericum *quadrangulum*, 6 7. Thlaspi *ruderale*, 6. Limosella *aquatica*, E. Menyanthes *trifoliata*, 4-5. Myosurus *minimus*, 4-6. Radiola *millegrana*, 6-7. Samolus *valerandi*, E. Scrophularia *vernalis*, 4-5. Sedum *cepœa*, E. Sparganium *simplex*, E. Thlaspi *ruderale*, 6. Tillæa *muscosa*, 6-7. Trifolium *agrarium*, E.; *subterraneum*, P.

VILLENEUVE-St-GEORGES. — Stellera *passerina*, 9-10.

VILLEPREUX. — Fumaria *capreolata*, E. Silene *noctiflora*, E.

VILLERS-COTTERETS. — Aconitum *napellus*, E. Asperula *odorata*, 5. Atropa *belladona*, 6-7. Blechnum *spicant*, E. Bromus *giganteus*, 6-7. Carex *arenaria*, E.; *humilis*, 4-5. Ceterach *officinarum*, 9-10. Chrysosplenium *oppositifolium*, 4-5. Dentaria *bulbifera*, 5. Epilobium *rosmarinifolium*, 6-7; *spicatum*, E. Genista *pilosa*, 5. Hepatica *triloba*, 3-4. Lampsana *minima*, 5-6. Limodorum *abortivum*, 6. Limo sella *aquatica*, E. Lychnis *sylvestris*, E. Lysimachia *nemorum*, E. Mespilus *germanica*, 5. Phyteuma *spicata*, 5-6. Polygonum *bistorta*, E. Polystichum *aculeatum*, E. Pyrola *rotundifolia*, 5-6. Spergula *pentandra*, E. Trifolium *agrarium*, E.; *glomeratum*, 6.

VINCENNES. — Aconitum *napellus*, E. Ægopodium *podagraria*, E. Agrostis *interrupta*, 6-7; *paradoxa*, 7. Allium *scorodoprasum*, E. Astragalus *glycyphyllos*, 6. Blitum *virgatum*, E. Carex *depauperata*, 5-6; *schreberi*, 4-5; *tomentosa*, 4-5. Carum *bulbocastanum*, E. Centaurea *myacantha*, E. Cnidium *apioïdes*, E. Cucubalus *baccifer*, E. Dianthus *caryophyllus*, E. Doronicum *plantagineum*, P. Euphorbia *platyphyllos*, E. Epipactis *lancifolia*, 4-5. Helianthemum *pulverulentum*, 6-7. Hesperis *matronalis*, 5-6. Hypecoum *procumbens*, 6. Iris *fœtidissima*, 7-8. Lamium *hybridum*,

P. Lathyrus *tuberosus*, E. Leonurus *cardiaca*, E.; *marru-biastrum*, 6-7. Lepidium *iberis*, 7-8; *latifolium*, 8. Mono-tropa *hypopitys*, 7-8. Nepeta *cataria*, E. Ononis *natrix*, E. Ophrys *aranifera*, 4-5. Orchis *simia*, 5-6. Orobanche *cærulea*, 6 ; *comosa*, 6 ; *minor*, E. Physalis *alkekengi*, 5-6. Poa *pilosa*, 6. Pyrethrum *corymbosum*, E. Ranunculus *nemorosus*, 5-6. Reseda *phyteuma*, E. Ruta *graveolens*, 7-8 (Coteau de Bréauté). Solidago *graveolens*, E. Stachys *alpina*, E. Tordylium *maximum*, E.

VIROFLAY. — Buplevrum *tenuissimum*, E. Epilobium *spicatum*, E.

VITRY, près **SCEAUX.** — Muscari *botryoïdes*, 5. Ornithogalum *minimum*, 3-4.

YERRES. — Arundo *nigricans*, 6-7. Hippuris *vulgaris*, 6-7. Hydrocharis *morsus-ranæ*, 6-7. Petroselinum *segetum*, E. Salvia *sclarea*, E.

FIN DU GUIDE DU BOTANISTE.

TYP. HENNUYER, RUE DU BOULEVARD, 7. BATIGNOLLES.
Boulevard extérieur de Paris.

CHEZ LABÉ, ÉDITEUR, PLACE DE L'ÉCOLE-DE-MÉDECINE, 23.

PHYSIOLOGIE VÉGÉTALE

OU

Exposition des forces et des fonctions des végétaux,
pour servir de suite à l'Organographie végétale, et
d'introduction à la Botanique géographique et agricole,

Par Aug. Pyr. DE CANDOLLE.

3 vol. in-8. — Prix : 20 fr.

Le *Traité de physiologie végétale* de De Candolle
forme la deuxième partie d'un cours complet de botanique, dont l'Organographie est la première. Cet ouvrage
est considéré avec raison comme destiné à servir de complément à l'étude des végétaux. Le premier volume contient les propriétés des tissus des végétaux, leur nutrition,
la séve ascendante et descendante, les excrétions végétales, les sucs propres. Après avoir décrit les matières
minérales et végéto-minérales qu'on trouve dans les plantes, l'auteur examine le rôle que jouent ces substances dans
la nutrition. Le second volume contient la reproduction
et les phénomènes généraux de végétation, la fécondation,
la gestation ou maturation des fruits et des graines ; la
dissémination, la germination y sont décrites avec tout
le talent que l'on connaît à l'illustre botaniste. Il s'occupe
ensuite du développement par bouture, de la greffe, de la
direction des plantes, de la coloration et des odeurs, et
termine ce volume par des considérations sur le tempérament des végétaux. Le troisième volume est destiné à la
physiologie végétale appliquée. Ainsi, on y rencontre
l'action de la lumière, de l'électricité, de la chaleur de l'atmosphère sur les végétaux ; on y indique l'action de l'eau
et du sol sur la végétation. Ces données physiologiques
conduisent De Candolle à décrire les arrosements, les irrigations, les desséchements, les labours, les amendements, les engrais ; puis il examine : 1º l'action des violences extérieures, où il décrit les maladies qui peuvent en
résulter et les avantages que peut procurer la taille, etc. ;
2º l'action des poisons ; 3º celle des animaux ; 4º celle
des végétaux parasites ; 5º enfin, celle que les végétaux
exercent les uns sur les autres. Enfin, le dernier chapitre
est consacré aux assolements, et est suivi d'un appendice
où se trouve l'indication des travaux propres à perfectionner la physiologie végétale.

ÉLÉMENTS
D'HISTOIRE NATURELLE
MÉDICALE

contenant

DES NOTIONS GÉNÉRALES SUR L'HISTOIRE NATURELLE,

LA DESCRIPTION, L'HISTOIRE ET LES PROPRIÉTÉS

de tous les aliments, médicaments ou poisons

TIRÉS DES VÉGÉTAUX ET DES ANIMAUX

PAR

ACHILLE RICHARD

Professeur de botanique et d'histoire naturelle à la Faculté de médecine
de Paris, membre de l'Institut national de France (Académie des sciences),
membre de l'Académie nationale de médecine, etc.

QUATRIÈME ÉDITION,

Revue, corrigée et considérablement augmentée,

3 volumes in-8, avec plus de MILLE GRAVURES intercalées
dans le texte. .

Prix : 20 fr.

La quatrième édition des *Éléments d'Histoire naturelle
médicale* de M. le professeur RICHARD, que nous annonçons
ici, est en quelque sorte un ouvrage nouveau. L'auteur a
apporté à son texte primitif d'énormes changements, en y
faisant entrer toutes les découvertes récentes dont la zoologie
et la botanique se sont enrichies depuis près de dix ans, et
cependant cet ouvrage est encore resté avec ce cachet de
simplicité, d'ordre et de méthode qui distinguait déjà les édi-
tions précédentes.

Une amélioration qui sera justement appréciée par tous les
lecteurs, c'est l'addition de plus de MILLE FIGURES intercalées
dans le texte, représentant les animaux les plus curieux, les
détails anatomiques propres à en faire saisir les caractères,
des végétaux ou organes de végétaux exprimant les signes
caractéristiques des familles. Ces figures sont exécutées avec
une supériorité qui n'existe dans aucun autre ouvrage du
même genre.

TYP. HENNUYER. BATIGNOLLES.